国外高等院校建筑学专业教材

结构与建筑

原书第二版

[英] 安格斯·J. 麦克唐纳 著
陈治业 童丽萍 译

内容提要

本书以当代的和历史上的建筑为实例，详细讲述了结构的形式与特点，讨论了建筑形式与结构工程之间的关系，并将建筑设计中的结构部分在建筑视觉和风格范畴内予以阐述，从而使读者了解建筑结构是如何发挥功能的。同时，还给出了工程师研究荷载、材料和结构而建立起的数学模型，并将他们与建筑物的关系进行了概念化连接，是人们想了解更多工程问题的一本很好的教材。

本书可供建筑师、结构工程师和建筑院校师生参考。

责任编辑：段红梅　张　冰

图书在版编目（CIP）数据

结构与建筑：第2版/（英）麦克唐纳（MacDonald，A. J.）著；陈治业，童丽萍译．—北京：知识产权出版社：中国水利水电出版社，2012.5

书名原文：Structure and Architecture

国外高等院校建筑学专业教材

ISBN 978-7-5130-1258-4

Ⅰ.①结…　Ⅱ.①麦…　②陈…　③童…　Ⅲ.①建筑结构-高等学校-教材

Ⅳ.①TU3

中国版本图书馆CIP数据核字（2012）第068306号

国外高等院校建筑学专业教材

结构与建筑　原书第二版

JIEGOU YU JIANZHU

［英］安格斯·J.麦克唐纳　著　　陈治业　童丽萍　译

出版发行：知识产权出版社　中国水利水电出版社

社　　址：北京市海淀区马甸南村1号

邮　　编：100088

网　　址：http://www.ipph.cn

邮　　箱：bjb@cnipr.com

发行电话：010-82000860转8101/8102

传　　真：010-82005070/82000893

责编电话：010-82000860转8024

责编邮箱：zhangbing@cnipr.com

印　　刷：知识产权出版社电子制印中心

经　　销：新华书店及相关销售网点

开　　本：787mm×1092mm　1/16

印　　张：9

版　　次：2003年8月第1版

字　　数：192千字

定　　价：26.00元

京权图字：01-2002-0612

ISBN 978-7-5130-1258-4/TU·050（4140）

原第二版前言

本书的主要内容是论述结构设计和建筑设计之间的关系。第二版对最后一章进行了扩充，对这一主要内容的各个方面进行了详细的论述。一部分原因是为了对第一版的读者的评论做出回应；另一部分是因为我自己的思想已有了变化和发展；还有一部分是与同事就建筑和结构工程领域中的有关问题所做的讨论。我还在这一章增加了一节，专门论述建筑师、施工人员和结构工程师之间的各种关系以及这些关系对于建筑类型和形式的影响。对第 6 章——结构评论，进行了大量的修改。希望这两章能够更好地帮助读者了解结构工程对于西方建筑和当今的建筑实践所做的基本贡献，而这种贡献目前尚未得到足够的肯定。

安格斯 · J. 麦克唐纳
爱丁堡大学建筑学系
2000 年 12 月

致谢

安格斯·J. 麦克唐纳(Angus J. Macdonald)十分感谢那些无数帮助过本书写作与出版的同仁。特别感谢斯蒂芬·吉布森(Stephen Gibson)精心制作的绘图、希拉里·诺尔曼(Hilary Norman)的智能设计、泰蕾兹·迪里耶(Thérèse Duriez)的图形研究,以及建筑出版社的全体员工在本书策划、编辑和出版过程中所付出的辛勤劳动,尤其是尼尔·瓦诺克-史密斯(Nei Warnock - Smith)、黛安娜·钱德勒(Diane Chandler)、安杰莱·莱奥帕尔德(Angela Leopard)、西安·克赖尔(Siân Cryer)和休·汉密尔顿(Sue Hamilton)。

感谢那些为本书提供插图以及说明文字的同事。特别感谢帕特·亨特(Pat Hunt)、托尼·亨特(Tony Hunt)、已故的阿拉斯泰尔·亨特(Alstair Hunter)、吉尔·亨特(Jill Hunter)和奥韦·阿茹普事务所(Ove Arup & Partners)的图库管理人员、安东尼·亨特事务所(Anthony Hunt Associates)、英国水泥协会(the British Cement Association)、建筑协会(the Architectural Association)、英国建筑图书馆(the British Architecture Library)和考陶尔德研究所(Courtauld Institute)。

在这里我也要特别感谢我的夫人帕特(Pat)对我的不断鼓励和孜孜不倦的文字整理工作。

绪言

人们很久以前就已经认识到，对于结构作用的理解是理解建筑学的基本前提。维特鲁威（Vitruvius）在罗马帝国创建时期的一本书中将建筑的三个基本要素确认为坚固、适用和美观（firmitas，utilitas and venustas）。到了17世纪，亨利·伍顿爵士（Sir Henry Wooton[1]）将其翻译成"坚固（firmness）"、"适用（commodity）"和"愉悦（delight）"。以后的理论家们提出了不同的体系用来分析建筑物的特性、讨论它们的性能以及理解它们的含义。然而，维特鲁威分析法仍然为建筑的检测和评价提供了坚实的基础。

"适用"指的是建筑的实用功能，即要求所提供的空间系列真正有用并符合建筑的意图，这或许是维特鲁威建筑风格的最突出的一种特征。

"愉悦"是一个专门术语，是指建筑物对于那些接触它的人身上所产生的一种美学感应效果。它可能由一种或多种因素所产生。建筑形式的象征意义，形状、花纹和色彩的美学特征，在解决由建筑物所引发的各种实际问题的过程中所采用的精湛技艺，以及实现设计不同方面的连接方法等都有可能成为产生"愉悦"的发生器。

"坚固"是最基本的特征。它关注的是建筑物保存自身的实际完整性和作为一个物体在世界上生存的能力。满足"坚固"所需要的建筑物部分是结构。结构是基础：没有结构便没有建筑物，因此也就没有"适用"。没有正确设计的结构便不可能有"愉悦"。

为了充分理解一个建筑作品的性能，评论家或观察家应该了解其结构组成的有关内容。这需要一种将建筑物看作为结构体的直觉；需要结构与建筑方面的知识以及区分建筑的结构部分和非结构部分的技能，而这种技能依赖于对结构功能要求的认识。第一种能力只要通过系统学习涉及静力学、平衡和材料性能等各种力学知识即能获得。第二种能力依赖于对建筑物的了解和建筑物是如何建成的原理。这些问题将在本书的前几章简要阐述。

结构体系的形式不可避免地与它支撑的建筑物的形式密切相关。为此设计建筑物的行为——确定它的整体形式，也是一种结构设计的行为。然而，结构设计和建筑设计的关系能够采用多种形式。从一个极端来说，建筑师在建筑物形式的创意过程中可能会完全忽略结构因素，并且在建筑物的建造过程中完全隐藏结构构件。位于纽约港入口处的自由女神像（the Staue of Liberty）（图ii）就是这样一个典型实例，由于它含有一套包含有楼梯和电梯的内部交通系统，它被看作为一座建筑物。20世纪初期的表现主义建筑，例如由门德尔松（Mendelsohn）设计的爱因斯坦天文台

---

[1] H. 伍顿，《建筑构件》（The Elements of Architecture，1624年）。

(Einstein Tower at Potsdam)（图 iii）和一些最近根据解构主义思想（Deconstruction）建造的建筑（图 1.11 和图 7.41 ~ 图 7.44）可以引用为更多的实例。

图 i 奥运会体育馆

［慕尼黑，德国，1968 ~ 1972 年；建筑师：贝尔施事务所和弗赖·奥托。在帐篷和倾斜看台中，可看到的大部分均为结构］［摄影：A. 麦克唐纳（A. Macdonald）］

所有这些建筑物都包含结构，但是结构的技术要求并没有对采用的结构形式产生重大的影响，结构构件本身对于建筑美学也不是重要的影响因素。从另一个极端来说，有可能建造一个几乎完全由结构组成的建筑。位于德国慕尼黑的奥运会体育馆（the Olympic Stadium in Munich）（图 i）就是这方面的一个例子，它是由贝尔施事务所（Behnisch & Partners）与弗赖·奥托（Frei Otto）联合设计的。在这两个极端之间，可以有许多不同的结构与建筑关系的处理办法。例如在 20 世纪 80 年代的“高技派（High Tech）”建筑位于南威尔士纽波特（Newport，South Wales）的英莫斯微处理机

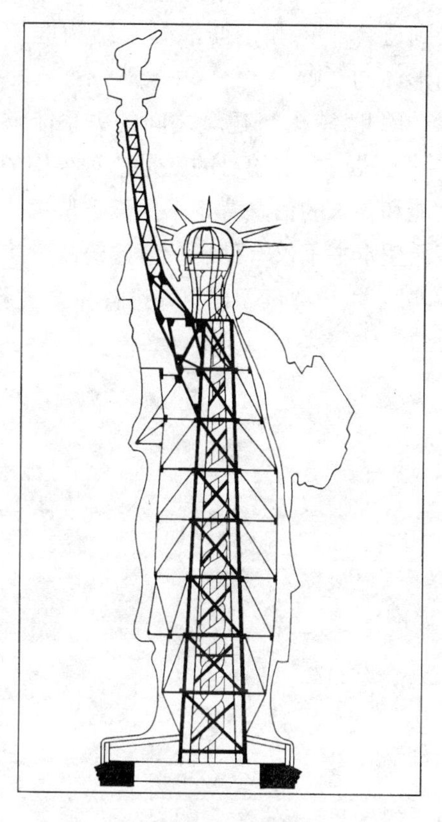

图 ii 自由女神像
(由多个三角形构成的结构框架支撑，结构因素对于形式的最后确定影响甚微)

图 iii 门德尔松的爱因斯坦天文台草图
(波茨坦，德国，1917 年。尽管结构要求对塔的内部设计有影响，但它们对于该建筑物的外部形体影响很小。它是用砖和混凝土塑造的一个看来有些神秘混沌的体形)

图 iv 英莫斯微处理机厂
[(纽波特，南威尔士，1982 年)；建筑师：理查德·罗杰斯事务所(Richard Rogers Parnership)；结构工程师：安东尼·亨特(Anthony Hunt)事务所。这座建筑物的整体安排和外形受到裸露结构要求的强烈影响。外部形体由空间规划要求所决定](摄影：安东尼·亨特事务所)

厂（Inmos Microprocessor Factory）（图 iv），结构构件限制建筑物设计和总体布局，构成了视觉词汇的重要组成部分。在由瓦尔特·格罗皮乌斯（Walter Gropius）、密斯·凡德罗（Mies van der Rohe）、勒·柯布西耶（Le Corbusier）（图 7.34）及其他人设计的早期现代建筑物中，所采用的形式极大地受到适合于钢和钢筋混凝土结构框架的几何形体的影响。

因此,结构与建筑之间的关系能够采用多种形式。本书的目的就是针对结构的技术性能和要求的信息背景来探索这些关系。作者希望本书不仅有助于从事建筑的学生和专业实践者,也有助于建筑评论者和史学家。

目录

第 1 章

结构与建筑物的关系

描述建筑结构功能的最简单的方法，就是将结构定义为用以抵抗施加在建筑物上的荷载的建筑物的组成部分。建筑物可以简单地被看作为是一个封闭的、被分隔成不同空间以创建一个被保护的环境的简单外壳。组成这个外壳的表面，即建筑物的墙体、楼板和屋顶必然要承担不同类型的荷载：外表面要承受雪、风和雨等气候引起的荷载；楼板要承受居住者和他们的活动所产生的重力荷载；多数表面还必须承担它们自身的重量（图 1.1）。所有这些荷载都会导致建筑外围护结构变形甚至于倒塌；正是为了防止这种情况发生，才提供了结构。因此，结构的功能可以概括为提供阻止建筑物倒塌所需要的强度和刚度。更确切地说，它是建筑物的组成部分，用来承受施加在建筑物上的荷载。地面以上的建筑物都有荷载作用，荷载最终都是由结构承受的。

建筑物内部结构的位置并不总是明显的，因为结构能够用不同的方式与非结构部分组合在一起。有时，例如在爱斯基摩人用硬雪块砌成的圆顶小屋（igloo）中（图 1.2），雪块组成了自支撑的保护圆顶，结构和空间围护构件同为一体。有时，结构和空间围护构件是完全分开的，比如圆锥形帐篷（tepee）（图 1.3）。在圆锥形帐篷中，外围护壳是一层帆布或兽皮，这些帆布或兽皮刚性差，自身形成一种封闭物，支撑在支撑杆件框架上。这就出现了结构与外围护层完全分离的状态：外围护层全部是非结构的，而支撑杆则完全起着结构的作用。

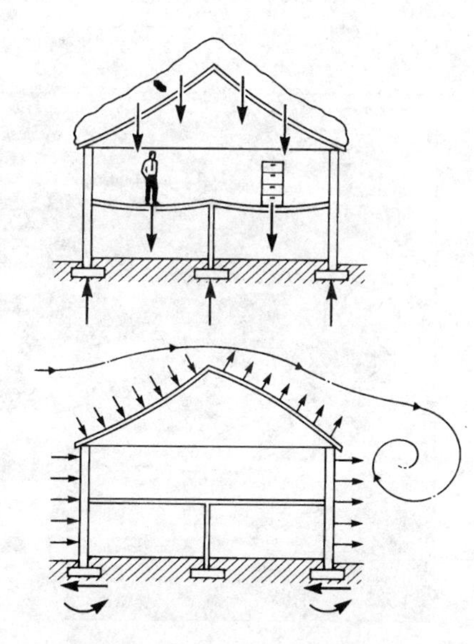

图 1.1 建筑物外壳上的荷载
（由雪和居住者所产生的荷载导致屋顶和楼板结构弯曲，并在墙壁中产生内压力。风形成压力并作用于建筑物外表面形成压力和吸力）

图 1.2 雪屋是自支撑抗压外壳

图 1.3 圆锥形帐篷

（非结构层由木杆结构框架支撑）

法国的国家工业与技术展览中心（CNIT）展览大厅（图 1.4）就是一个复杂的雪屋翻版；组成这个封闭空间主构件的钢筋混凝土壳是自支撑的，因此它是结构。然而，在透明墙体上存在着表层与结构分离的现象。在透明墙壁上，玻璃外壳被支撑在竖框结构上。由勒·柯布西耶设计的朗香教堂（图 7.40）也是一个类似自支撑的例子，这座建筑物的雕塑华丽的墙和屋顶是砖石和钢筋混凝土的混合结构。同时，它们也是定义外围护体的构件和提供建筑物保持自身形状并抵抗外来荷载能力的结构构件。由沙里宁（Saarinen）设计的耶鲁大学冰球馆（图 7.18）则是另一个相似的例子。这里建筑物外围护体是由钢索网架组成的，这些钢索被悬挂于三个钢筋混凝土拱之间。垂直面上的钢筋混凝土拱形成了建筑物的脊柱，而另外两个边拱几乎处于水平面上。这种建筑物的组成比起前面的例子要复杂，因为悬挂式外围护体能够分解成钢索网架，它们具有单纯的结构功能并可视为非结构覆盖系统。可以认为这些拱具有单纯的结构功能，对外围护空间没有直接的作用。

图 1.4 国家工业与技术展览中心展览大厅

［巴黎，法国；建筑师：尼古拉斯·埃斯基兰（Nicolas Esquillan）。主构件是自支撑的钢筋混凝土壳］

由福斯特设计事务所（Foster Associates）设计的位于英国泰晤士米德（Thamesmead）的钢框架仓库（即现代艺术玻璃仓库）（图 1.5）与圆锥形帐篷非常类同。组成它的构件或者是纯结构的或者是完全非结构的，因为金属波纹板完全由具有纯结构功能的钢框架所支撑。类似的分析也可在由相同的建筑师设计的后期建筑中看到，如诺威奇市（Norwich）的塞恩斯伯里视觉艺术中心（the Sainsbury Centre for the Visual Arts），斯温登市（Swindon）的雷诺汽车公司（Renault car company）的库房和样品陈列室（图3.19）。

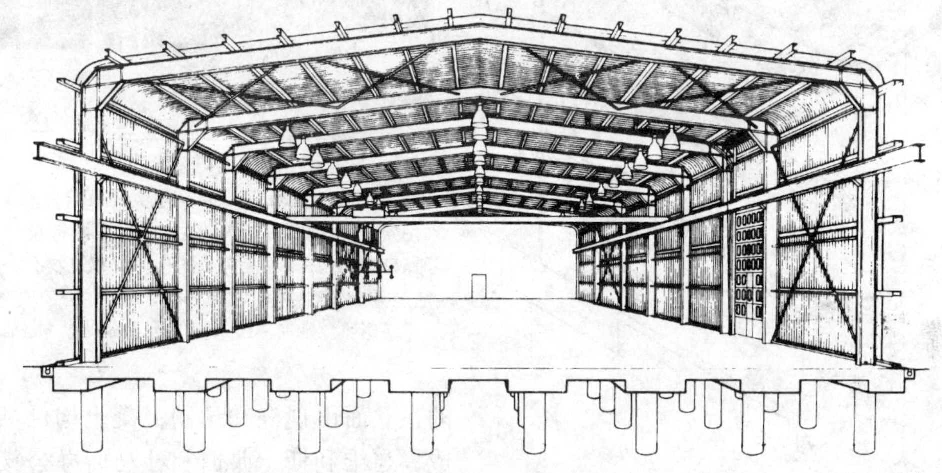

图1.5　现代艺术玻璃仓库

（泰晤士米德，英国，1973年；设计师：福斯特设计事务所；结构工程师：安东尼·亨特事务所。非结构压型金属板被支撑在一个具有纯结构功能的钢框架上）［摄影：安德鲁·米德（Andrew Mead）］

在多数建筑物中，外部形体和结构的关系比上述例子中提到的要复杂得多，这是因为建筑物的内部往往由内墙和楼板再次分为更多的房间。例如由福斯特设计事务所设计的位于英国伊普斯威奇（Ipswich）的维利斯、弗伯和杜马斯办公楼（Willis, Faber and Dumas Office Building）（图1.6和图7.37），楼板和柱的钢筋混凝土结构可以看作具有双重功能。尽管这些柱在某种程度上会划分建筑物的内部空间，属于分隔构件，但它们是纯结构的。楼板既是结构构件，又是分隔构件。然而，情况是复杂的，因为结构楼板加盖了一层非结构地面装饰材料，同时又有顶棚悬挂于结构楼板下面。楼面装饰部分和天花板可以被看成是真正的空间定义构件，楼板本身可被看作具有单纯的结构功能。建筑物的玻璃墙是完全非结构的，只具有空间密封的功能。更近期的由福斯特设计事务所设计的位于尼姆（Nimes）的卡雷尔美术馆（Carré d'Art）（图1.7）具有类似的结构布置。如同维利斯、弗伯和杜马斯办公楼一样，一个多层钢筋混凝土结构支承一个外部非承重的纯围护层。

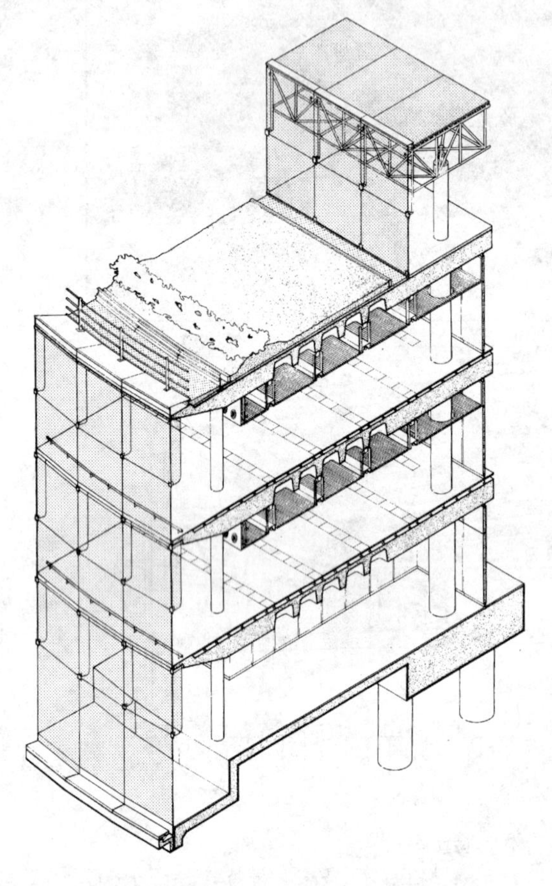

图1.6 维利斯、弗伯和杜马斯办公楼

（伊普斯威奇，英国，1974年；建筑师：福斯特设计事务所；结构工程师：安东尼·亨特事务所。该建筑的基本结构是支承在方格布置的柱上的一系列钢筋混凝土格式楼板。外墙由玻璃组成，不属于承重结构。在已装饰好的大楼中，楼板只在周边可见。在其他部位，楼板被楼面装饰层和假屋顶所遮盖）

图1.7 卡雷尔美术馆

（尼姆，法国，1993年；建筑师：福斯特设计事务所。20世纪后期现代主义的佳作。建筑物有一个钢筋混凝土框架结构，支撑一层非承重的外部玻璃）

［摄影：詹姆斯·H. 莫里斯（James H. Morris）］

由里卡多·博菲（Ricardo Bofill）设计的位于蒙坡利埃市（Montpellier）的安提戈涅大厦（Antigone building）（图1.8），也拥有一个多层钢筋混凝土支撑框架。这个楼的正立面由现浇和预制混凝土构件共同组成，与维利斯、弗伯和杜马斯办公楼的玻璃幕墙一样，都依赖于支撑柱和楼板的结构框架。尽管这座建筑物比全玻璃外墙的建筑物更加坚固，其建筑方式是类同的。理查德·迈耶（Richard Meier）设计的乌尔姆展览与会议大厦（the Ulm Exhibition and Assembly Building）（图1.9）也是由钢筋混凝土结构支承的。在这里，混凝土所具有的结构连续性（见附录3）和可塑性被用来产生一种虚实并存的复杂效果。然而，这座建筑物与福斯特和博菲设计的建筑物相比，其基本类型是相同的，钢筋混凝土框架支撑着属于非结构的墙面覆盖部件。

图 1.8 安提戈涅大厦

（蒙坡利埃，法国，1983 年；建筑师：里卡多·博菲。这座大楼由钢筋混凝土框架所支承。外墙是现浇和预制混凝土构件。它们为自承重体系，并依赖内框架作为边支撑）（摄影：A. 麦克唐纳）

图 1.9 乌尔姆展览与会议大厦

（德国，1986~1993 年；建筑师：理查德·迈耶。混凝土的可塑性和结构的连续性是这种材料的主要特征，它们被用于产生一种虚实并置的复杂效果）[摄影：E. 麦克拉克伦和 F. 麦克拉克伦（E. &F. McLachlan）]

在由皮亚诺（Piano）和罗杰斯设计的巴黎蓬皮杜中心（the Centre Pompidou in Paris），采用多层钢框架支撑钢筋混凝土楼板和非承重玻璃幕墙。这座建筑中各部件的分类直截了当（图 1.10）：同一平面的框架由穿过建筑物全高在各楼层上支撑桁架大梁的长钢柱组成，它们相互平行摆放构成一个矩形平面。混凝土楼板跨在桁架大梁之间。其余小型的铸钢桁架向柱线以外突出（图 7.7），用于支撑位于玻璃幕墙外面的大楼两侧的楼梯、电梯和服务设施，而玻璃幕墙则贴在柱附近的框架上。在框架侧面的交叉支撑系统用于阻止框架由于不稳定而造成的倒塌。

由蓝天组（Coop Himmeblau）设计的维也纳屋顶办公楼的受限无序（controlled disorder）扩建方案（图 1.11），在某些方面与蓬皮杜中心的受限有序（controlled order）模式形成了非常鲜明的对比。从建筑角度看，它是相当不同的，看上去杂乱无章而不是井然有序；但从结构角度看，它与轻型外壳被支撑在金属框架骨架上的方式相似。

具有砖石墙、木地板和屋顶结构的房屋是世界上大部分地区的传统建筑形式。人们可以发现许多形式，从历史上欧洲拥有大量土地的贵族的豪华府邸尚堡（Château de Chambord）（图 1.12）到英国现代化的住宅（图 1.13 ~ 图 1.14）。即使这种圬工和木建筑形式的最简单的翻版（图 1.13）也是相当复杂的构件组合。对这种建筑最基本的功能考虑可以有助于将砖石墙、木地板和屋顶等组件进行明确分类，这些砖石墙和木质地板被看作具有结构和空间分隔

图 1.10 蓬皮杜中心

（巴黎，法国，1977 年；建筑师：皮亚诺和罗杰斯；结构工程师：奥韦·阿茹普工程事务所。结构功能构件与封闭功能构件明显地被分为不同部分）（摄影：A. 麦克唐纳）

图 1.11 屋顶办公楼

（维也纳，奥地利，1988 年；建筑师：蓝天组。所选择的形式没有结构逻辑性，几乎未考虑技术要求而确定。今天的建筑中，只要建筑物不太大，这种方案是完全可行的）

图 1.12 尚堡

（法国，1519 ~ 1547 年。这是欧洲最豪华的家庭住宅，它由承重砖石结构组成。多数墙都是结构墙；楼板是木质的，屋顶结构也是木质的）（摄影：P & A. 麦克唐纳）

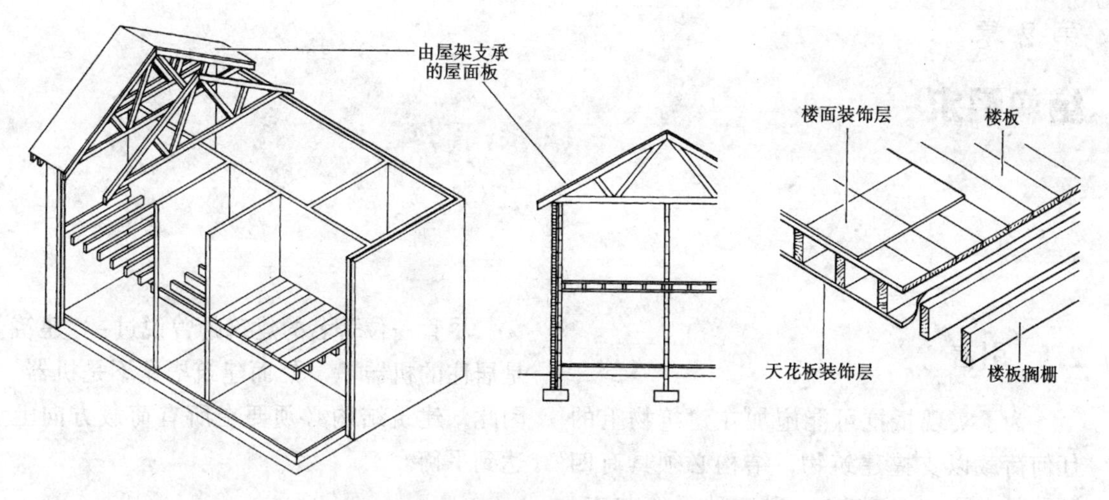

图 1.13　英国20世纪传统形式的建筑

（具有承重砖石墙、木楼板和屋顶结构。全部结构构件都用非结构装饰材料封闭）

图 1.14　苏格兰哈丁顿地方政府住宅群

[哈丁顿，苏格兰，1974 年；建筑师：J. A. W. 格兰特(J. A. W. Grant)。这些建筑物有承重砖石墙和木质楼板与屋顶结构][摄影：阿拉斯泰尔·亨特(Alastair Hunter)]

的双重功能，屋面板被看作是由属于结构构件的纯支撑屋架与纯保护性的非结构层的组合。进一步考察将会发现，大部分主构件事实上能够再分为纯结构的或纯非结构的构件。例如楼板，其内芯是由木格栅和楼面板组成，并由顶棚和楼板装饰材料封闭，属结构构件。楼板装饰材料是非结构构件，可以看到它们是用于分隔空间的。对于墙也可以做类似的分析，事实上，在传统房屋中很少可以看到结构构件，因为大多数结构构件都是由非结构装饰材料遮盖着的。

总体来说，这几个非常不同的建筑类型实例证明了所有的建筑物都含有结构，结构的作用是通过传导施加在建筑物上的力来支撑建筑物围护结构，这些力通常从作用点一直传递到它们最终被抵消的建筑物以下的地面。有时结构与空间分隔和封闭建筑物围护结构是融为一体的，有时，它们又是完全分开的；多数情况下，常有一种结构、非结构和综合功能的构件组合体。在所有情况下，结构形式与看作为整体的建筑物形式密切相关，结构发挥其功能的有效程度影响着建筑的质量。

第 2 章

结构要求

2.1 引言

为了实现抵抗可能施加在建筑物上的任何荷载以支撑建筑物，结构必须具有四种特性：它必须能够达到一种平衡状态；必须稳定；必须具有足够的强度；必须具有足够的刚度。本章将阐述这些术语的含义。“结构要求”对所采用的“结构形式”的影响也将在这一章讨论。这里采用非数学方法，所给的定义不是理论物理学家的定义；它们只是一些足以用来理解概念对于结构设计的重要性的论述。

2.2 平衡

结构必须能够在外部施加荷载作用下达到一种平衡状态。这就要求结构内部的布置及其与基础的连接方式在所有外施荷载作用下必须与基础所产生的反力完全达到平衡。手推车提供了一个简单的涉及这种原理的证明。当手推车不动时，它处在静力平衡状态。由自重和它里面装的东西的重量所产生的重力垂直向下作用，与作用于车轮和其他支承处的反作用力准确地保持平衡。当推车人在车轮上施加了一种水平力时，手推车就水平向前移动，为此它就不再处于静力平衡状态。这种情况之所以发生，是因为车轮与地面的接触面不能够产生水平反作用力。手推车既是结构又是机械：在重力荷载作用下它是结构，在水平荷载作用下它是机械。

尽管一位著名的建筑师曾说过：“建筑是居住的机器”[1]，然而建筑毕竟不是机器。因此，建筑结构必须要在所有荷载方向上达到平衡。

2.3 几何稳定性

几何稳定性是指保持结构的几何形体并允许结构的构件共同作用于抵抗荷载的性质。稳定性和平衡之间的区别可以通过图 2.1 所示的排架来证明，这个排架能够在重力荷载作用下达到平衡状态。然而，这种平衡是不稳定的，因为如果有侧向干扰，排架将倒塌[2]。

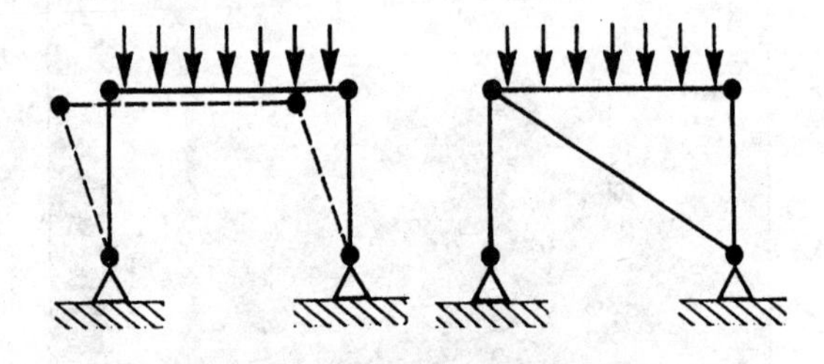

图 2.1　稳定性与平衡的区别

(具有四个铰接的排架能够达到平衡状态，但却不稳定，因为对于柱的任何轻微的侧向扰动都将导致这个排架的破坏。图中右边的框架通过对角构件布置而保持稳定，但对角构件对抵抗重力荷载没有直接作用)

这种简单的布置表明，就任何体系的

---

[1] “建筑是居住的机器。”——勒·柯布西耶。

[2] 稳定性是不同于强度或刚度的另外一个因素，因为即使结构的构件具有足够的强度和刚度来承受施加在它们上面的荷载，系统作为整体仍然有可能失效，因为它在几何形体上是不稳定的，如图 2.1 所示。

稳定性来说，关键的因素是少量的干扰对于它的影响。在结构范畴内，图2.2通过比较受拉和受压构件，非常清楚地证明了这一现象。如果两条定线中有任何一条线受到干扰，受拉构件就会随着扰动介质的移动而后移对齐，但受压构件，一但它的初始定线被改变，它就会移到一个全新的位置。这里稳定性的基本问题得到了证明，即稳定系统受到轻微的干扰时能返回到它们的原始状态，而不稳定系统则进入一个全新的状态。

倾向于不稳定的结构部分是那些受压力作用的构件，因此在考虑结构布置的几何稳定性时，必须特别注意这些构件。简单排架中的柱是这方面的例子（图2.1）。图2.3中的三维桥梁结构表明了另一个潜在的不稳定系统。当大桥承担着穿过大桥的物体重量时，压力就出现在桥梁框架上部的水平构件上。由于对于这些受压构件缺乏足够的约束，当这类荷载作用时，这种布置就会因失稳而遭到破坏。内压力会不可避免地因为某种程度的偏心率而产生，它们往往使上部构件偏离定线，从而导致整个结构破坏。

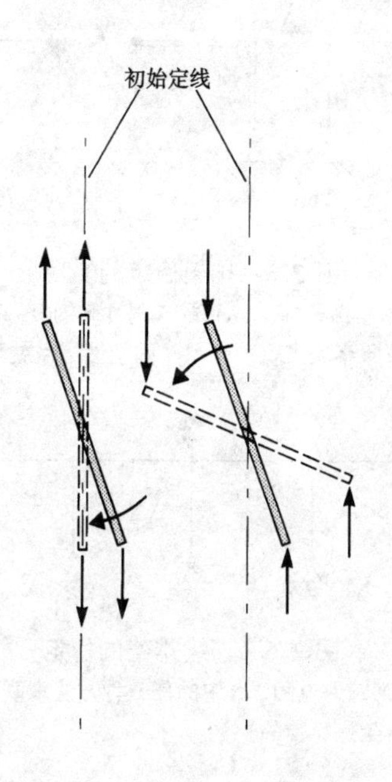

图2.2 受拉构件与受压构件
（左边的受拉构件是稳定的，它受到荷载干扰时后移对齐；右边受压构件是根本不稳定的）

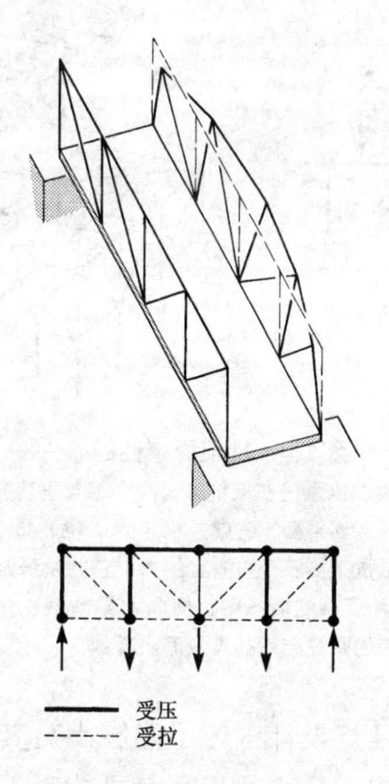

图2.3 桥大梁顶部的水平构件
（在有荷载作用时必然承受内压力。该系统是不稳定的，任何偏心率的出现都会造成失稳破坏）

假如考虑了结构布置对于水平荷载的反应，图2.1和图2.3中的这种布置的几何不稳定性则是明显的（图2.4）。这表明了对于任意构件布置的几何稳定性的基本要求之一，就是结构必须能够抵抗来自正交方向的荷载（平面布置有两个正交方向，三维布置有三个正交方向）。这是构件布置在遇到来自三个正交方向上的力时必须能够达到平衡状态的另一种说法。因此，通过考虑各组相互垂直作用力对于某种构件布置的影响，就能够判断稳定性或者假设布置上的稳定性，其判断法为：不管在使用中真正所施加的荷载模式是什么，如果这种布置能够抵抗三个方向上的全部作用力，那么它就是稳定的。相反，如果构件布置不能抵抗来自三个正交方向上的作用力，那么它在使用中就是不稳定的，尽管实际中所施加的作用力往往只来自一个方向。

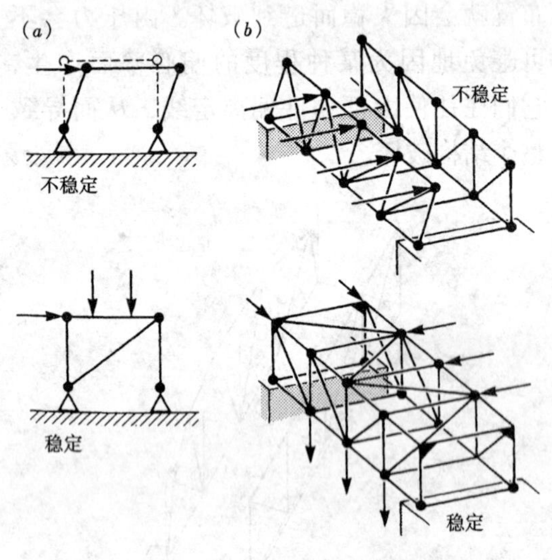

图 2.4　排架稳定性的条件

（*a*）如果二维系统在抵抗来自两个相互垂直方向上的力时能够达到平衡，它就是稳定的；（*b*）如果三维系统能够抵抗来自三个方向上的力，它就是稳定的
（注意在所证明的情况中，横向水平荷载的抵抗是通过末端跨的刚性结点的插入而实现的）

在建筑设计中为了能够满足其他建筑功能的要求，必须采用有可能是不稳定的几何形体。例如，最简便的房屋结构几何形状之一是排架，正如已经表明的一样，在最简单的铰接形式中它是不稳定的。这种几何形体的稳定性能通过使用刚性结点或插入斜撑杆件或采用填充框架内部的刚性薄钢板来实现（图 2.5）。这几种情况各自都有缺陷。从空间布置的观点看，刚性结点是最方便的，但从结构角度看它又是问题最多的，因为它们能够使结构成为超静定结构（见附录 3）。斜撑杆件和薄钢板填充排架，能够使空间布局变得复杂化。然而在多跨布置中，可能不必要填充每一跨而达到稳定性。例如，图 2.6 中的连续排架就是通过插入一根斜撑杆件而达到稳定的。在排架相互平行的位置，如果两个主方向上的少量跨在垂直面上是稳定的，并且其余的排架通过斜撑杆件或薄钢板在水平面上与这些跨相连（图 2.7），则三维布置也是稳定的。因此，三维框架能够通过在垂直和水平面上使用有限的斜撑杆件或薄钢板来实现稳定性。在多楼层布置中，必须在每一楼层提供这种系统。

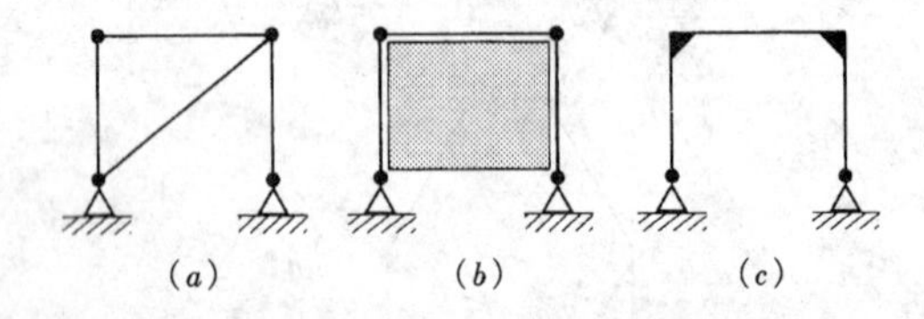

图 2.5　排架稳定的实现

（*a*）加入斜撑杆件；（*b*）加入刚性薄钢板；（*c*）提供刚性结点（事实上，一个单一的刚性结点就足以提供稳定性）

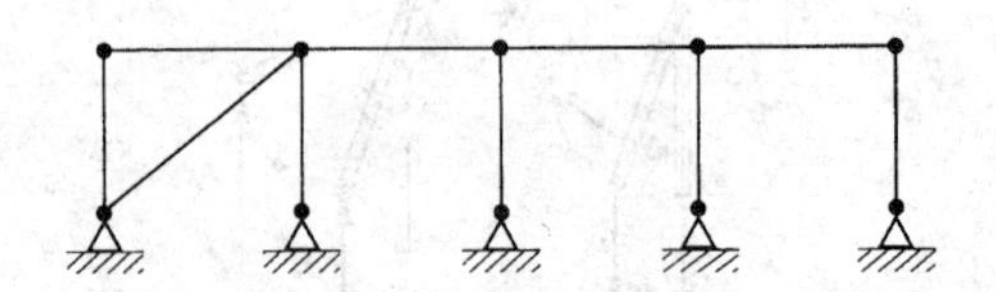

图 2.6　连续排架的稳定

（如果某跨通过图 2.5 中的任一种方法来联结，则连续排架是稳定的）

为了达到图 2.7 中的矩形框架的稳定性而添加的构件中，没有一个可以直接用来抵抗重力荷载（即承重，包括结构自重和结构所支承的构件重量或其他物体的重量）。这类杆件称为支撑杆件。无需要支撑杆件布置的结构叫做自支撑结构，这是因为它们基本上是稳定的，或者说稳定性是由刚性结点所提供的。

多数结构含有支撑杆件，它们的出现

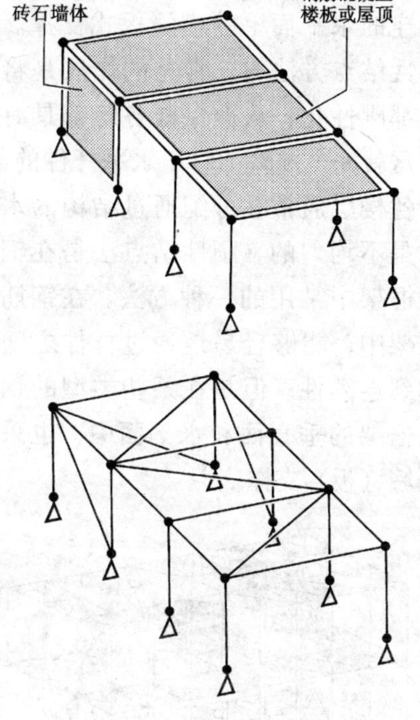

图 2.7　排架满足稳定所需的最少斜撑杆数

常常影响初期设计和建筑物的最终形状。因此，稳定性问题，特别是支撑系统的设计，是影响建筑物构造的重要因素。

当结构承受来自不同方向的荷载时，相对于主荷载，仅仅用于支撑的杆件往往在抵抗次荷载方面起着直接作用。例如，图2.7的框架中的斜撑杆件常常直接参与抵抗水平荷载，如由于风效应可能产生的荷载。因为实际结构通常承受来自不同方向的荷载，所以杆件只用于支撑的情况是不多见的。

支撑杆件的内力性质取决于失稳发生的方向。例如在图2.8中，如果排架偏向右侧，斜撑杆件则被放在受拉方向上；如果排架偏向左侧，斜撑杆件则被放在受压方向上。因为失稳导致的偏移方向在设计结构时不能预测，单一的支撑杆件常常做的非常坚固以同时能够承拉或承压。然而，抵抗压力所需的截面尺寸要比抵抗拉力所要求的更大，特别是当杆件很长时[1]。这是确定杆件大小的关键因素。通常情况下，在排架中插入两根斜杆件（交叉支撑）比只插入一根杆件，要经济得多，并把两根杆件都设计成为受拉杆件。当板因失稳偏移时，放在受压方向的杆件只是轻微压曲，整个压曲约束是由受拉斜杆件提供的。

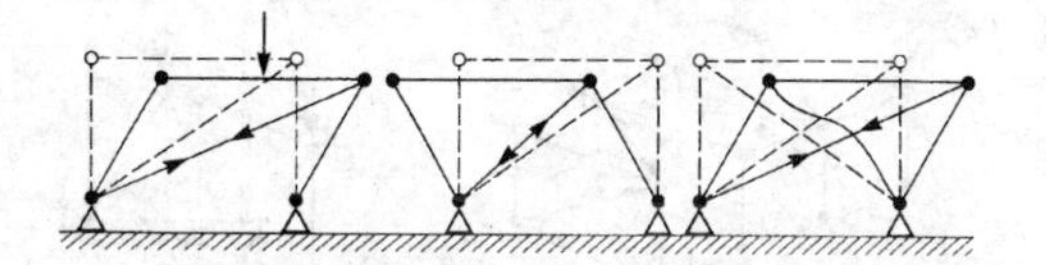

图 2.8　交叉支撑

（经常使用交叉支撑，以使失稳所造成的偏移被受拉斜杆件所抵抗；受压斜杆件压曲不大，且不承载）

常见的作法是提供比实际需要的支撑杆件数量要多的杆件，以提高三维框架对于水平荷载的抵抗力。例如图2.7中的框架，尽管从理论上讲是稳定的，但在外加水平荷载作用下也时常发生大幅度的变形，水平荷载与顶面平行，并作用于框架的结点上。框架在这样的水平荷载作用下也会发生一定量的变形，因为在顶面水平力作用下，通过顶面支撑传递，结点不可避免地会发生运动。在实践中，如果在框架两端都提供垂直支撑，框架的稳定性则更加令人满意（图2.9）。这比仅满足稳定条件所需要的约束多，从而使结构具有超静定性（见附录3），但这样可以使水平荷载在

---

[1] 因为受压杆件会发生压曲现象。这种压曲现象的基本原理可见关于结构的基础教科书中的解释，如安吉尔·H.（Engel, H.），《结构原理》（Structural Principles），普伦蒂斯-霍尔出版社（Prentice-Hall），英格伍德，克利斯（Englewood Cliffs），新译西，1984年。也见安格斯·J. 麦克唐纳，《建筑结构设计》（Structural Design for Architecture），建筑出版社，牛津，1997年，附录2。

其施加到结构上的位置受到抵抗。

另一个需要实际考虑的、有关三维矩形框架的支撑因素，是被提供的斜杆件的长度。这些杆件在它们的自重作用下会下垂，因此将它们做得尽量短些是比较有利的。由于这个缘故，支撑杆件常常被局限到它们所处跨的某一个位置上。图 2.10 所示的框架就包括了这种布置。

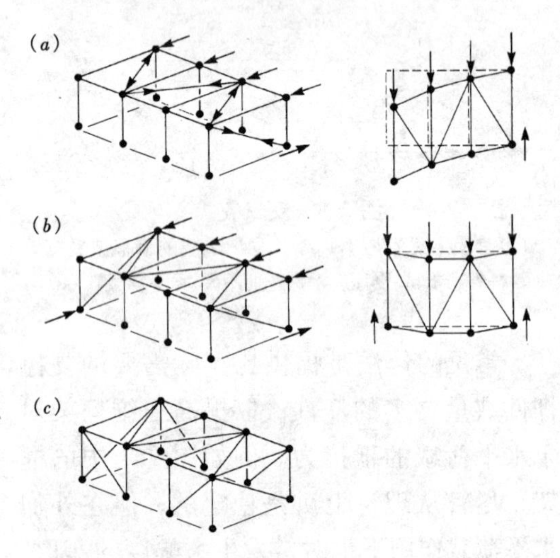

图 2.9 在实际工程中，往往提供比实际用来保证稳定性要多得多的杆件，以提高框架抵抗水平荷载的性能

(*a*) 框架是稳定的，但在受到边墙上的水平荷载作用时将发生变形；(*b*) 如果在两端墙上提供斜杆件，则框架的性能会加强；(*c*) 框架含有最少量的用来有效抵抗来自两个主要水平方向上的水平荷载的杆件（注意垂直平面上的支撑杆件是以对称方式在结构周围分布的）

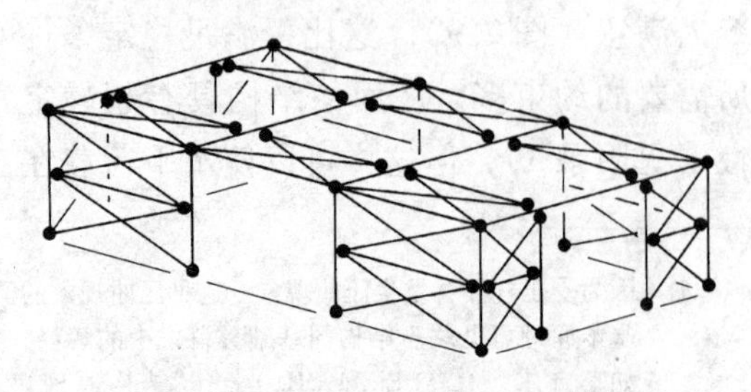

图 2.10 在实际中支撑杆件经常只被限制在每跨部分位置上

图 2.11 和图 2.12 是典型的多层框架体系。图 2.13 表示另一个常用的布置，在这个布置中，楼板用作为与斜向垂直平面杆件相连的水平面上的横隔板式支撑。当采用刚性结点方法时，常见的作法是将所有结点都刚性化，从而保证各跨都具有稳定性。这就完全排除了对于水平杆件的需要，尽管各楼层通常在分配通过结构的水平荷载时是不均匀的。刚性结点法是在钢筋混凝土框架中常用的一种方法。在钢筋混凝土框架中，能够轻易地通过杆件之间的连接达到连续性；但是在某些类型的钢筋混凝土框架的垂直面和水平面中，也采用刚性隔墙（板）支撑。

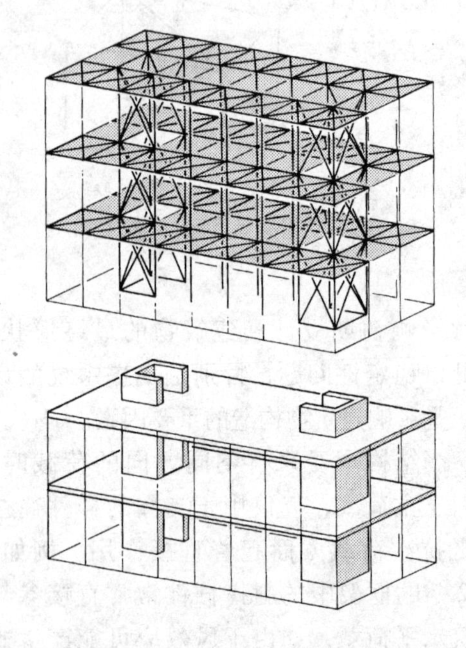

图 2.11 常用的多层框架支撑方案

（垂直平面支撑被用于有限的开间内，并且在平面上对称布置。其他的开间都通过各层水平面上的斜杆件与垂直平面支撑相连）

承重墙结构是指那些用作为垂直结构构件的外墙和屋内隔墙。它们通常是由砌体、钢筋混凝土或木料建成，这些材料也能混合使用。在所有这些情况下，墙和楼板之间的结点通常不能抵抗弯曲作用（换言之，它们表现出铰接性能），缺乏刚性框

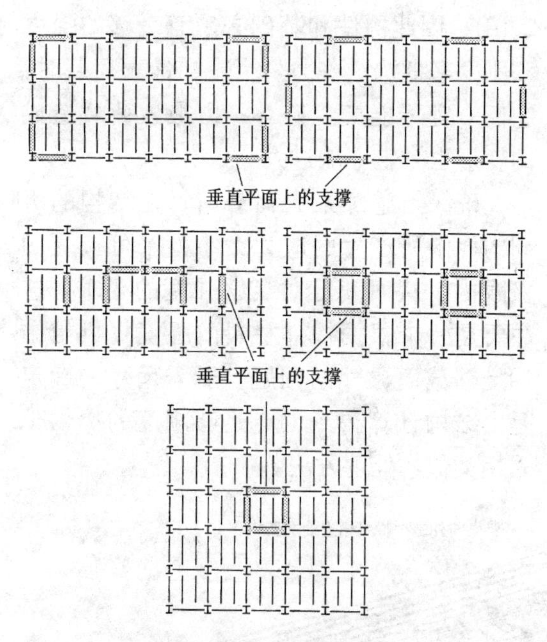

图 2.12　钢框架楼层网格模式给出了典型的垂直平面支撑位置

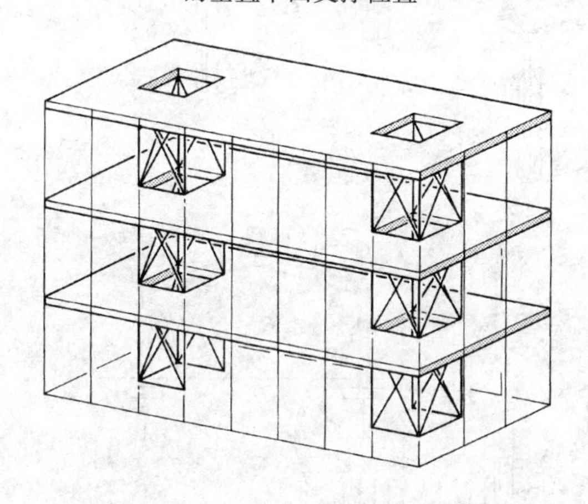

图 2.13　混凝土楼板通常被用作为与垂直面上斜支撑相连的横隔板式水平面支撑

架的连续性。其稳定性由墙本身作为支撑来提供。

围护墙在自身的平面内是稳定的，但在超出这个平面方向上则它是不稳定的（图 2.14）；因此，垂直墙板必须彼此成直角摆放以便提供相互支撑。为了达到这一点，墙板之间的垂直结点内所提供的结构连接必须能够抵抗剪力❶。因为承重墙结构通常需要开洞，在两个正交方向上提供足够数量的垂直平面支撑隔板是常见的作法（图 2.15）。因此支撑对这种建筑物的内部设计会产生很大影响。

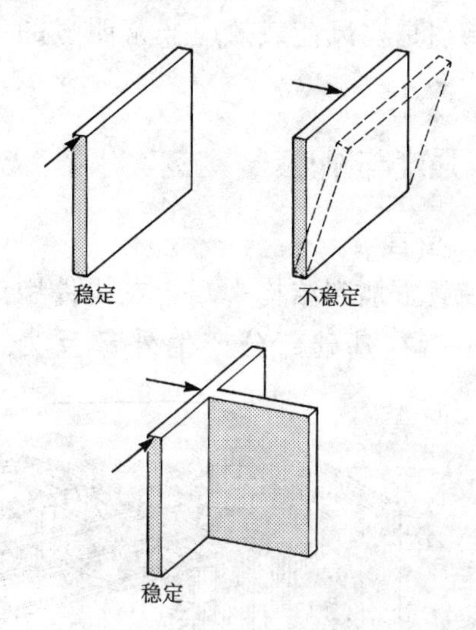

图 2.14　超出平面方向上的墙是不稳定的

（必须正交布置以保证其稳定性）

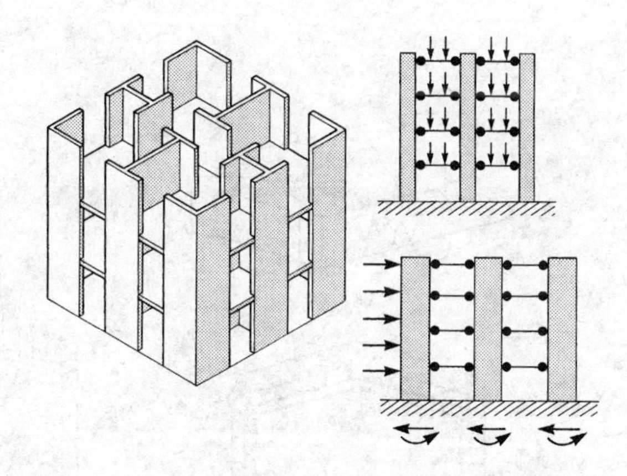

图 2.15　承重砌体建筑物通常为多孔结构

（在两个正交方向上有墙，这种安排自然是稳定的）

保证结构框架被足够加劲的需要是能够影响建筑物内部设计的一个因素。基本要求为必须在三个正交方向上提供某种形式的支撑。如果在垂直平面上采用斜支撑

❶　见安吉尔·H.，《结构原理》用于解释剪力。

或加劲隔板，那么这种隔板必须在平面设计图中表现出来，因为垂直平面支撑无论是在内部中心还是在建筑物的四边在对称布置时，效果都最好。这将影响到空间设计，特别是在风荷载效应非常明显的高层建筑中。

2.4 强度与刚度

2.4.1 引言

荷载施加到结构中，会在构件中产生内力，而在基础部分产生外部反力（图2.16），因此构件和基础必须有足够的强度和刚度来抵抗这些力。当施加最大荷载时，它们一定不能产生破坏；由最大荷载造成的变形也一定不能过大。

确保当施加最大荷载时，在结构的不同构件中所产生的应力大小处于可接受的极限内，从而满足对足够强度的要求。这主要是一个根据构件材料的强度提供给结构足够截面尺寸的问题。所需尺寸的确定是由结构计算得到的。足够刚度的提供也采用类似的处理方法。

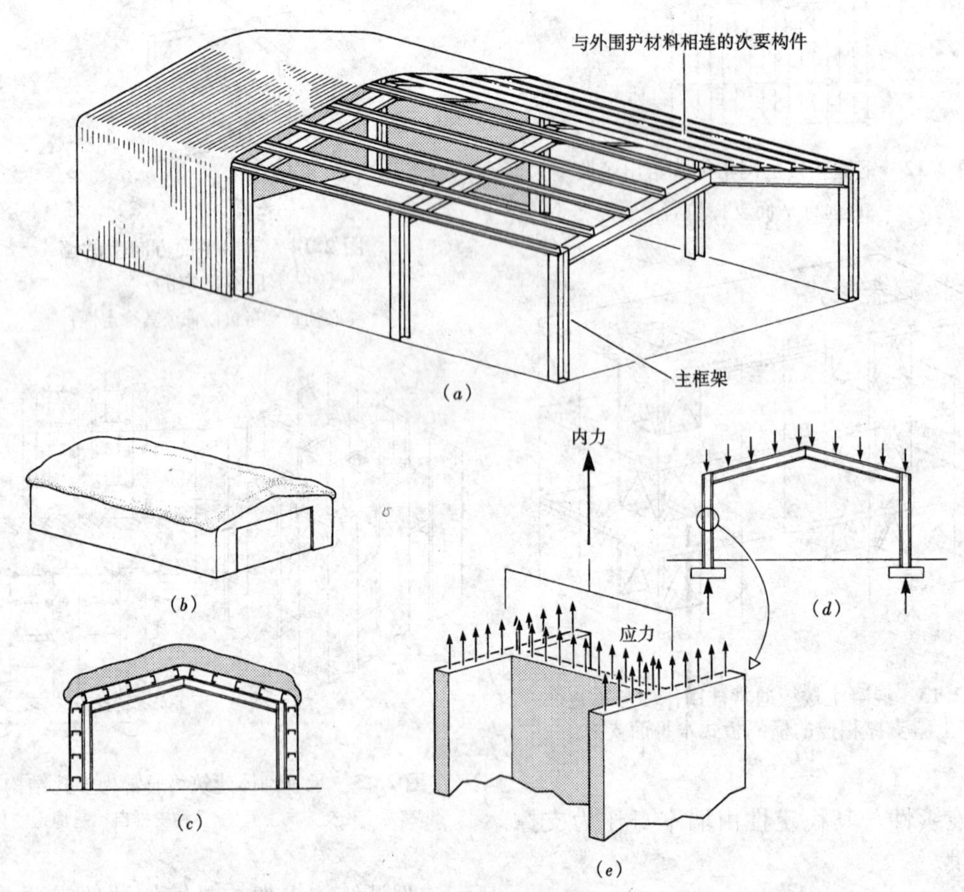

图 2.16 建筑物的结构构件将荷载传递到基础

（它们必定要经受产生应力的内力作用，应力的大小取决于内力的强度和构件的大小。如果应力水平超过材料的强度，结构将倒塌）

通过结构计算可以对结构的强度和刚度予以精确控制。在计算之前先要对需要结构承担的荷载进行估算。可以考虑将计算分为两部分。第一部分是结构分析，即对结构构件中发生的内力进行估算;第二部分是构件大小的计算,通过计算来确保构件有足够的强度和刚度来抵抗荷载所产生的内力。在很多情况下,如对于超静定结构(见附录3),可以同时使用这两套计算方法,但是将它们看成是分开的运算也是可行的,因此在这里对它们分别进行论述。

2.4.2 荷载估算

对作用在结构上的荷载进行估算包括对建筑物在使用期中产生的外加荷载的各种不同环境的预测（图 2.17）和对这些荷载最大值的估计。最大荷载可以发生在下列情况下：当建筑物住满了人；安装了特别重的设备；承受强大风力或受许多其他的不测事件的影响。设计者必须预测所有这些可能事件的发生，并且还要调查它们是否会有可能同时发生。

荷载的估算是一个复杂的过程,但是

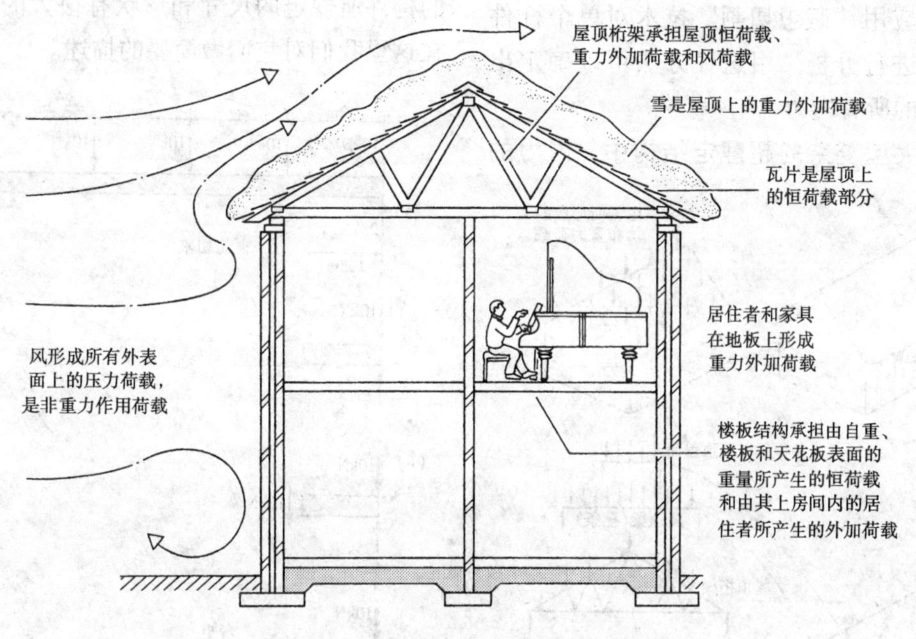

图 2.17 对将发生的最大荷载的预测

（这是结构计算中最繁琐的一个问题。可以通过荷载标准来帮助这种计算，但荷载的估算则是结构计算过程中最不精确的部分）

荷载标准[1] 通常给结构设计师提供某些指导。这些标准是一些从实践中得到的数据和经验公式，采用表格形式将它们整理出来，供设计者在设计过程使用。

2.4.3 分析计算

结构分析的目的是确定所有力的值。这些力包括内力和外力，它们是在最不利的荷载条件出现时在结构表面和内部所产生的力。为了理解各种结构分析的过程，有必要了解结构力体系的组成部分并理解它们的概念，例如平衡，它们被用来推出相互之间的关系。这些主题将在附录 1 中讨论。

在结构分析中，计算由外荷载产生的、作用在基础部分的外部反力和作用在杆件中的内力。其推导过程是：将结构简化成

[1] 在英国，相关标准是 BS6399，《建筑物设计荷载》（Design Loading for Buildings），英国标准机构，1984 年。

一种最基本的抽象形式，然后再单独考虑建筑物的支撑结构。

图 2.18 给出了一个简单结构的分析运算过程。在已经进行了外部反力的预分析之后，通过对杆件之间的结点做出“假想切割”（见附录 1.7），结构可被分为主杆件。这样便形成一系列的“隔离体图”（附录 1.6），这些图揭示了作用在杆件之间的力。在对这些交互杆件力分析之后，可以进一步应用“假想切割”技术对单个杆件的内力进行分析。用这种方法可以确定出结构中的所有内力。

在大型复杂的超静定结构中，内力的

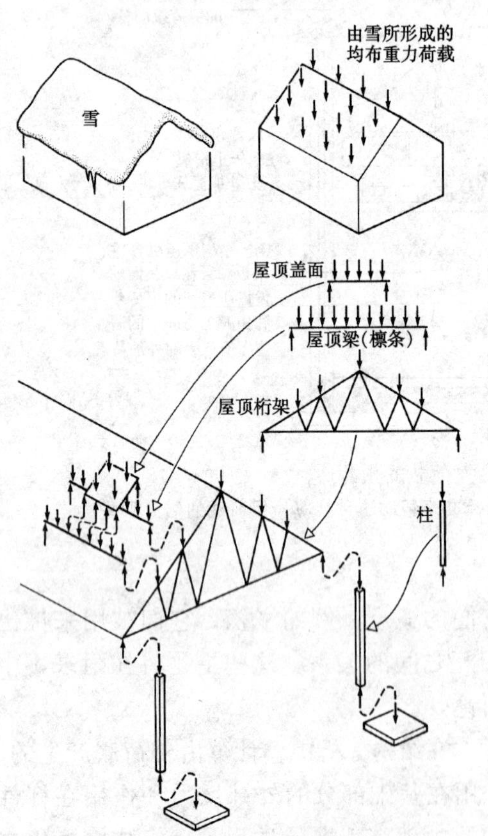

图 2.18 小型建筑物的屋顶上由重力荷载所产生的力的模式

（在结构分析中，完整结构被分成二维构件，然后计算这些构件中的内力。该在一个对于其他形式的荷载进行类似的分析。由此，在结构使用期内，每个构件均可具有一个完整内力分析图）

大小受到构件截面尺寸和形状以及组成材料的特性的影响，同时还受到荷载和结构的整体几何形体的影响。附录 3 解释了产生这种情况的原因。在这些结构中，结构分析和构件的大小计算是采用试验方法和误差处理同时进行的，这个过程只有在计算机辅助设计条件下才能进行。

图 2.19 表明了在结构构件中能够出现的不同类型的内力。由于这些力对于不同的构件所规定的尺寸和形状有很大的影响，在这里我们对它们做简要的描述。

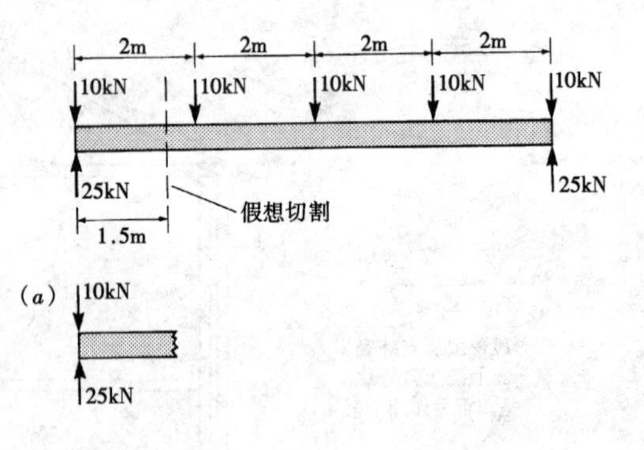

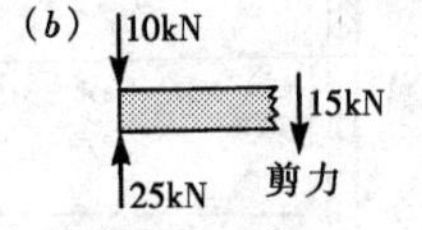

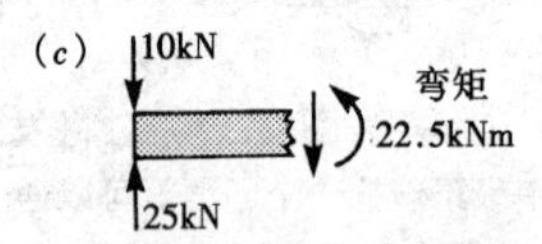

图 2.19 用“假想切割”技术对简支梁中的内力进行分析

（切割产生出一种隔离体图，由该图能够推导出在一个截面处的内力属性。其他截面上的内力分析能够通过在相应位置上切割所产生的类似图形中得到）

（*a*）不平衡状态；（*b*）定位平衡但转动不平衡；（*c*）定位平衡、转动平衡（在离左手支撑处 1.5m 的截面上的剪力是 15kN，该截面上的弯矩是 22.5kNm）

在图 2.19 中，一个构件在特定的截面处被切割。图 2.19（*a*）标出了所产生的其中一个隔离体的外力。如果这些力的确是作用在这部分构件上唯一的力，则构件将处于不平衡状态。为了使之达到平衡，这些力就必须平衡，需要一种额外的垂直力来保持平衡。由于在这部分构件上没有其他的外力出现，所以额外的力必须作用在产生切割的截面上。尽管这个力是在这部分构件之外的力，但就整个构件而论，它仍是一种内力，称其为“剪力”。它在截面切割处的大小是构件截面左端的外力之间的差。

一旦剪力被增加到图形中，可以再次检查隔离体的平衡问题。事实上，构件仍处于不平衡状态，因为此时所作用的这组力将在截面一边产生出一个转动影响，从而使它以顺时针方向旋转。为达到平衡，需要一个逆时针力矩，并且和以前一样，这个力矩必须作用在切割点的截面上，因为没有其他外力出现。作用在切割点上用来建立旋转平衡的力矩称作切割截面上的弯矩。它的大小是由隔离体图的力矩平衡方程获得的。一旦在图上增加了弯矩，体系将处在静力平衡状态，因为平衡所需要的所有条件现在都已被满足（见附录1）。

剪力和弯矩是发生在结构构件内部的力，它们定义如下：构件内某一位置的剪力，就是作用在该位置一边的外力在垂直于构件轴线方向上分解时产生的不平衡的量；构件内某一位置的弯矩，就是作用在该位置一边的平面内任何一点处的外力力矩产生的不平衡的量。

剪力和弯矩发生在由外荷载作用而发生弯曲的结构构件内。梁和板就是这类构件的例子。

还有一种内力能够作用在构件的截面上，即轴向力（图2.20）。轴向力定义为：作用在构件特定位置一边的外力，在与构件方向平行分解时产生的不平衡的量。轴向力可以是拉力或压力。

一般情况下，结构构件的任一截面都有这三种内力作用，即剪力、弯矩和轴力。在计算构件尺寸时，首先确定截面尺寸，以保证这些力产生的应力不会过大。抵抗这些内力的效率取决于截面的形状（见4.2节）。

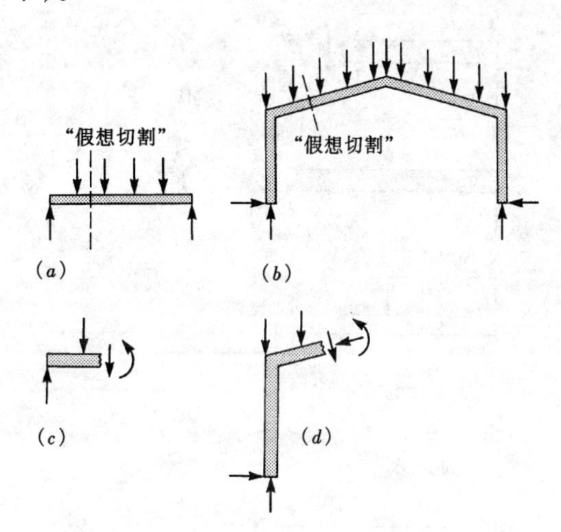

图 2.20 “假想切割”是揭示内力和进行内力平衡分析的方法

（在这里标出的简支梁中，剪力和弯矩是唯一用来在切割分离构件中产生平衡的内力。因此这些内力是唯一作用在切割处截面上的内力。在门式框架中，还需要在切割截面处确定轴向力）

结构构件中内力值在长度方向是不等的，但任何截面上的内力总能够通过在那点上进行“假想切割”产生的隔离体来找到。重复性地在不同截面上应用“假想切割”技术（图2.21），可以对整个内力模式进行估算。在今天的实践中，这些计算是通过计算机来完成的，每一结构构件的计算结果用弯矩、剪力和轴力图来表示。

弯矩、剪力和轴力图的形状对于结构构件的最终形状是极为重要的，因为它们表示了所需要的最大强度的位置。弯矩通常在跨中附近和刚性节点附近最大；剪力在支承点附近最大；轴力通常沿结构构件长度方向上不变。

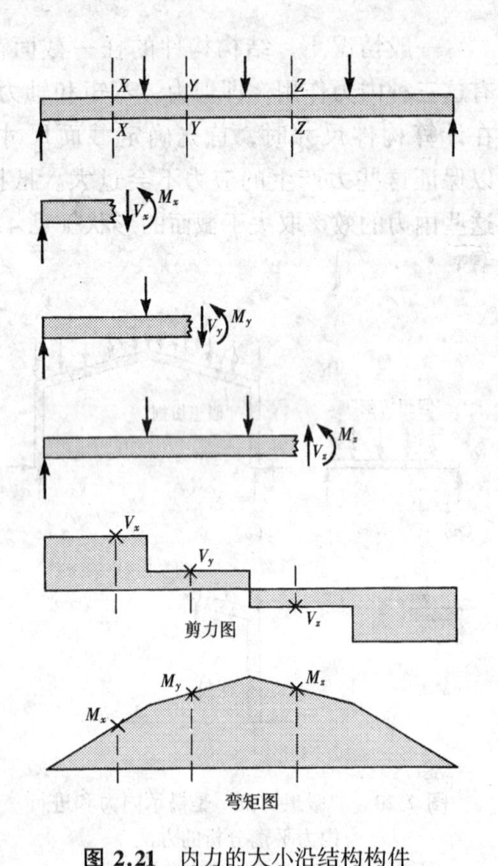

图 2.21 内力的大小沿结构构件的长度方向变化

（重复运用“假想切割”技术以确定简支梁中的内力图）

2.4.4 构件尺寸的计算

为结构构件所提供的截面尺寸必须能够保证结构构件有足够的强度和刚度。换句话说，在结构分析中，结构构件的截面尺寸必须在不增加结构材料的条件下满足强度和刚度的要求，且不会发生过大变形。为了实现这一点，所做的计算应包含应力和应变的概念（见附录 2）。

在构件尺寸的计算中分别考虑每一个构件，并确定内力达到最大值条件时应满足的截面面积。计算的内容涉及内力、应力以及结构材料的性能。

与多数设计类型一样，结构的最后形式和结构尺寸的产生在一定程度上是一个循环过程。如果在计算过程中所产生出的载面尺寸过大或载面在某一方面不适合，则需调整结构的整体形式，以便内力重新分配。这样，整个分析周期和构件尺寸的计算过程必须重复进行。

如果结构具有稳定的几何形体，并且构件的截面非常大，能保证它有足够的强度，它将不会在施加在它上面的荷载作用下发生倒塌。因此，它将是安全的，但并不意味着它的表现行为就一定令人满意（图 2.22）。它可能在荷载作用下产生很大的挠度，而任何一种变形——如对像玻璃窗等脆性建筑构件造成的损害、对房屋居住者造成的惊动甚至对大楼的形状产生看不见的扭曲等，这些都是结构破坏的一种类型。

图 2.22 强度足够的结构不会破坏，但弹性过大会使它不适用于实际的应用

在遇到施加到结构上的荷载时，结构中所发生的弯曲取决于构件截面的尺寸❶，一旦构件的尺寸被确定，其弯曲程度就能够被计算。如果所规定的用以提供足够强度的截面尺寸会导致过量的弯曲，就要适当地增大截面尺寸。在发生这种情况的地方，重要的是刚度的要求，它决定着结构

❶ 结构的弯曲也取决于结构材料的性能和结构的整体布局。

构件的尺寸。刚度与强度并没有直接的关系，这是在结构设计过程中需要考虑的另一类问题。

2.5　结论

在本章中，总结了影响结构基本要求的因素。稳定、平衡的实现在很大程度上取决于结构的几何布局，因此几何布局是一个影响确定结构形状的因素。一种稳定的形式几乎总是具有足够的强度和刚度，但是形式的选择的确影响形式确定的效率。就提供足够强度方面而论，结构设计师的任务是很清楚的，至少在原则上说是这样。他们必须通过结构分析来确定内力的类型和大小，这些内力会在最大荷载被施加时出现在所有的构件中。这样就必须选择截面的形状和尺寸，使应力保持在可接受的范围内。一旦用这种方式确定截面，结构就会有足够的强度。在最大荷载下所发生的挠度则能够计算出。如果挠度过大，就需要增加构件尺寸，使它能够被控制在可接受的范围内。计算构件尺寸所采用的详细步骤取决于结构的各部分所发生的内力类型和结构材料的性能。

第 3 章

结构材料

3.1 引言

结构构件所采用的形状在很大程度上受到制造材料性质的影响。材料的物理特性决定了它们能够承担的内力的类型,并由此决定了适宜的构件类型。例如未加筋的砖石砌体只可以用于存在压应力的情况下。钢筋混凝土在承受压力和弯曲方面功能很强,但在承受轴向拉力方面则不那么明显。

材料被制造和加工成结构构件的过程也在确定适宜的构件形状方面起一定的作用。本章讨论材料特性对于结构几何形状的影响因素,主要是砖石砌体、木料、钢和钢筋混凝土等四种结构材料。

3.2 砖石砌体

砖石砌体是一种复合材料,用这种材料,可将单个的石头、砖或砌块用砂浆砌成柱、墙、拱或穹窿,见沙特尔大教堂(Chartres Cathedral)(图 3.1)。由于成分的种类不同,不同类型的砖石砌体所包括的范围很广。砖可以由耐火材料、混凝土或一系列类似的材料制成,砌块也是由类似的材料制成的,不过它是一种非常大的砖。石材种类非常多,从相对软的沉积岩如石灰石到非常硬的花岗岩和其他岩浆岩。这些“固体”单元能够与各种各样的不同的砂浆相连制成一系列砖石砌体类。它们都有某些共同特性,因此可以制造出相同类型的结构构件。其他材料如焦土、夯土或者甚至不加筋的混凝土都有类似的特性,能够用来做成同种类型的构件。

图 3.1 沙特尔大教堂

(法国,12~13 世纪。哥特式教堂,包含大量的各种各样的由砖石砌体建成的形状。这里可以明显地看到柱、墙和受压主拱和拱顶)[摄影:考陶尔德研究所(Courtauld Institute)]

这些材料具有共同的物理特性,即中等的受压强度、最小的受拉强度和比较高的密度。非常低的抗拉强度限制了砖石砌体在构件中的应用,在这些构件中,主内力是压力,即柱、墙和像拱、穹窿和穹顶这样的受压活性模式类型(见 4.2 节)。

在结构的梁-柱形式中(见5.2节),通常只有竖向构件是由砖石砌体制成的。特别例外的实例是希腊庙宇(Greek temples)(图7.1),但是在这些庙宇中,用石头制成的水平构件的跨度很短,通过一排排的柱或墙将内部空间分隔开。即使这样,水平跨的构件多数在实际中是由木料制成的,只有那些最明显的在外墙上的构件才用石材制成。在用砖石砌体构筑的大跨度水平构件的位置上,必须采用受压活性模式形式(图3.1)。

在砖石砌体构件中产生较大弯矩的地方,如由于椽木或拱屋顶结构或外墙上的平面外风压力等对墙体的侧拉力,通过加大截面面积的惯性矩(见附录2)以保证拉伸弯曲应力尽可能小。这样就形成非常厚的墙和柱,除非使用某些"改进型"截面形式,否则就会产生过大的砖石砌体体量(见4.3节)。传统使用的方法是扶壁墙。最突出的实例是中世纪哥特式大教堂或支撑罗马古迹的大型拱顶围廊的空心雕花墙(图7.30~图7.32)。在所有这些例子中,砖石材料的用量对于墙的总有效厚度来说是小的。近来在较高的单层砌体建筑物中使用的散热墙和隔墙(图3.2)与20世纪的建筑相类同。在现代建筑物中,墙上发生的弯矩主要是由风荷载而不是由于屋顶结构的侧向推力所造成的。甚至在采用了

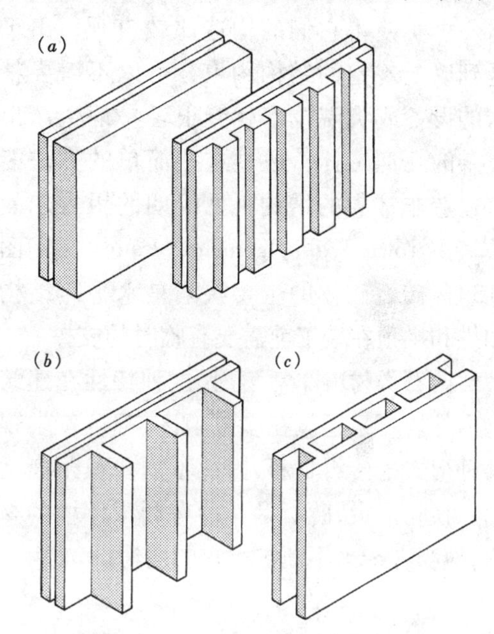

图3.2 达到有效厚度的技术选择

(在砖石砌体承受较大弯矩处,如接触风荷载的外墙,墙的整个厚度必须足够大,以保证拉弯应力不大于由重力荷载所产生的压应力,然而墙不一定是实心的)

图3.3 伊朗的伊吉尔曼城墙

(这个中世纪后期的砖砌结构表明了砖石的一个优势,即具有复杂几何形体的巨型建筑能够通过比较简单的建筑过程来实现)

“改进型”的截面处，砖石砌体结构中的材料体积也很大，包括那些有效的隔热、隔声和防风防雨的屏蔽墙和拱顶。

砖石结构是由非常小的基本单元组成，这一事实使得它们的构造比较直观。由于受到以上规定的结构约束，可以不需要精密的设备或尖端技术就能很轻易地生产出复杂的几何形体，通过这些简单的方法能够建造非常大的结构，见伊朗的伊吉尔曼城墙（Town Walls Igerman，Iran）（图3.3）。砖石砌体的主要缺陷是水平跨结构如拱和拱顶在竣工前需要有临时的支撑。

砖石类材料非常耐用，这种特性在建筑物内外均可采用。在多数地区，都可以发现某种形式的砖石材料，因此不需要长距离运输。换句话说，砖石是一种有利于环境的材料，应当在未来不断扩大它的用途。

3.3 木材

从远古时代起，木材就已用作为结构材料。它既具有抗拉强度又具有抗压强度，因此在结构功能方面是一种适宜的制造承担轴向压力、轴向拉力和弯曲荷载的构件材料。它已经被广泛应用于家庭房屋的建造中，用来制造完全的结构框架，在承重砖石结构中，用作为楼板和屋顶。椽、地板梁、框架、桁架、各种类型的组合梁、拱、壳和折板形状等无不都是用木材制成的（图3.4、图3.6、图3.9和图3.10）。

木材是一种生物体，这一事实决定了它的物理特性。用于结构木材的树的部分——树桩的心材和边材——在活树中具有结构功能，因此与大多数有机体一样，具有非常好的结构性能。这种材料由长纤维细胞组成，长纤维细胞与原树桩平行排列，由此与年轮形成的木纹相平行。细胞壁的材料使木材具有强度，由它构成的构件具有较低的分子重，这一事实导致了它的低密度。木材轻的原因也是由于它所产生的构件截面的细胞内部结构所造成的，这种截面是永久的“改进型”截面（见4.3节）。

图3.4 卫理公会教堂（Methodist Church）［黑弗里尔，萨福克，英国；建筑师：J. W. 奥尔德顿（J. W. Alderton）。一系列叠层木结构门式框架在这里被用来提供拱顶形内部空间。木材也被用于次结构构件和内衬］［摄影：S. 贝恩顿（S. Baynton）］

由于与木纹平行，强度在拉力和压力方面近似相等，致使与木纹整齐排列的木板能够被用作为构件来承担轴向压力、轴向拉力或上面提到的弯曲类荷载。在与木纹垂直的方向上，木材的强度不大，因此纤维在受到这个方向上的压力或拉力时会很容易地被压碎或拉断。

这种在木纹垂直方向上的特点使得木材在承弯曲类荷载时具有较低剪力，也使它不能承受应力集中，如在类似螺栓和螺丝等机械接合件附近所发生的应力集中。这能够通过木结构连接件来调节，木结构连接件是用来增加在结点处传递荷载的接触面积的装置。目前已设计出许多类型的木结构连接件（图3.5），但是尽管它们发展很快，用机械连接件进行令人满意的结构连接仍然有一定的难度，这是限制木构件特别是抗拉构件的承载能力的原因之一。

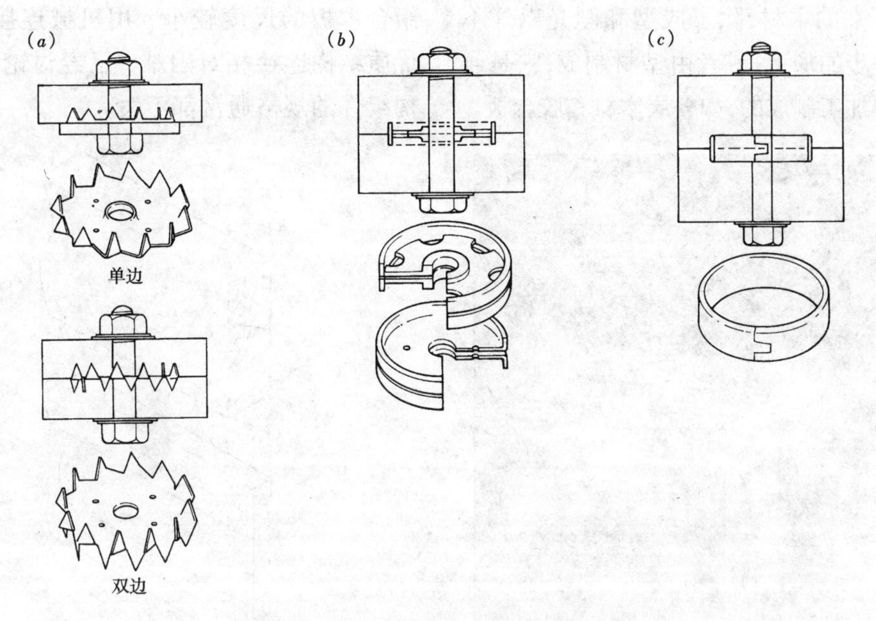

图 3.5 不同类型的连接方式

（木结构连接件用来减少螺栓连接中应力的集中）

20 世纪用于木材的结构胶的研发在一定程度上已经解决了结点处的应力集中问题，但是如果使结点发挥它的全能强度，被粘合在一起的木材必须要非常精心地配备。胶必须在温度和相对湿度的控制条件下进行处理❶，这在施工现场是不可行的，必须把它看作是一种预制技术。

木材会遭受“湿度变形”现象的影响。之所以这样是因为任何一块木材的精确尺寸都取决于它的含水量（木材所含水的重量与干重之比，用百分率表示）。含水量受环境相对湿度的影响，而由于环境中的相对湿度在不断变化，水分含量以及由此造成的木材的尺寸也在不断变化。当相对湿度下降时，木材就会随着水分含量的减少而收缩；当水分含量增加时，它就会膨胀。从木材的结构应用角度来说，这种情况所造成的最严重的一种后果是用机械连接件构成的结头往往不牢固。

通过取样发现木材中水分含量的最大变化发生在树伐倒之后。树在伐倒后，它的水分含量值从活树中的 150% 左右减少到 10% ~20%，这是木结构中水分含量的正常变化区间。这种最初的干燥引起木材大量收缩，如果想避免对木材功能的破坏，必须对这种现象加以控制。这种木材的控制性干燥称作为自然干燥。在自然干燥过程中，必须要从自然条件上约束木材的变化，阻止它产生永久性的扭曲和其他由于不均匀收缩造成的变形。由于干燥过程的不均匀现象，这种不均匀收缩在短时期内是不可避免的。不均匀收缩的量必须保持在最低限度，这有利于将木材锯成小截面的木板，因为湿度含量的最大变化出现在木板中央与发生水分蒸发的表层之间。

木构件或者由锯材制成,它们是直接从

---

❶ 对于影响木材粘合因素的详细解释见戈登 · I. E.（Gordon, I. E.）的作品《强固材料的新科学》（The New Science of Strong Materials），企鹅出版社，伦敦，1968 年。

树上伐下来的木材,除了成型和刨光以外不需要进一步的加工;或者由型材制成,它是通过进一步加工制成的,如叠层木材和胶合板。

图 3.6 全木房屋——一种承重墙构造形式
(在这种房屋中，墙、地板和屋顶的所有结构构件都是由木材制成的。间隔密集的锯材杆件的内墙支撑一座两层建筑物的上层楼板。注意在插入横墙之前有必要安装临时支撑以保持稳定性)

锯材所具有的形式在很大程度上是由木材的树源决定的。沿着与树桩平行的方向锯木板是比较方便的，这样会锯成直的两边平行的矩形截面杆件。基本锯材部件是比较小的（最大长度约 6m，最大截面面积约 75mm×250mm），一部分原因是由于截面和长度的最大尺寸明显地受原生树木尺寸的限制，另一部分原因也是想让小截面木板尽快干燥。它们能够被结合在一起形成更大的复合构件如用钉固定连接、螺钉连接或螺栓固接所形成的桁架。然而由于组合木板的尺度较小、用机械连接件进行优质结构连接相对困难（已经讨论过），结构组件的规格通常都不大。

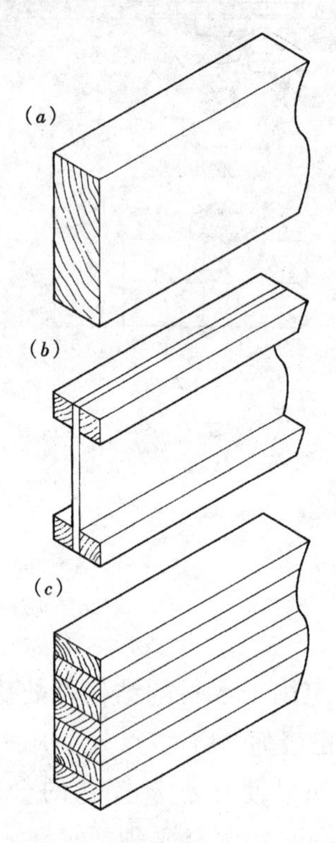

图 3.7 具有胶合板腹板的梁
(a) 一般锯材杆件；(b) I形梁；(c) 叠层梁
[(b)、(c) 是工业木制品的范例，通常比 (a) 具有更好的技术性能。在人造加工梁中，大量注入的胶减少了尺寸不稳定性，并且通过组合小构件排除类似木节这样的主要瑕疵]

木材在承重墙结构中既被用作砖石建筑物上的水平杆件（图 1.13），又在所有木结构布置中被用作竖向杆件，它们相隔很近形成墙板（图 3.6）。在骨架结构（与间隔很密的格栅和墙板相对应的梁和柱）中，木材的使用率是很低的，因为在这些构件中所发生的内力的集中通常要求采用强度更大的材料如钢材。在各种情况下，木质结构的跨度是比较小的，通常对于间隔很密的矩形截面格栅地板结构是 5m，对于具有三角构件的屋顶结构则是 20m。所有木结构建筑很少超过2或3层。

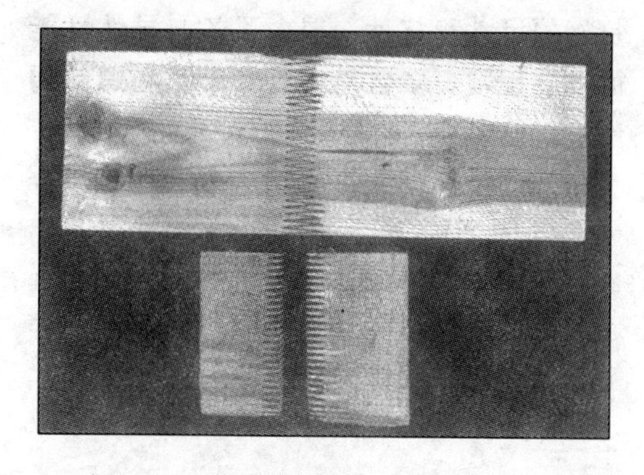

图 3.8　榫接

（榫接使得叠层木结构构件的组合板能够在长度方向上被延伸，也有可能去掉它们上面的类似木节这样的瑕疵）［摄影：特拉达（TRADA）］

木制品是在严格质量控制条件下将小型木结构杆件粘合在一起制成的。它们的目的是利用木材的优势，同时最大限度地减少主要缺陷所造成的不良影响，这些主要缺陷包括可变性、尺寸不稳定性、单个部件尺寸的限制和各向异性行为。木制品的例子包括叠层木材、复合板如胶合板和锯材与复合板的组合（图3.7）。

叠层木材［图3.7（*c*）］是一种通过将较小的矩形截面的实心木杆件粘合在一起组成具有大截面的矩形杆件制品。这个过程的明显优势在于它允许用锯材制造比实际可能性更大的实心截面杆件。通过端头榫接，就有可能用组合板制造出很长的构件（图3.8）。这种叠层过程也能产生楔形构件或曲面构件。拱（图3.9和图3.10）和门式框架构件（图3.4）就是这类构件的范例。

图 3.9　珀斯的体育馆圆屋顶（Sports Dome）

（珀斯，苏格兰，英国。还可以采用不同类型的杆件布置生产出叠层木组合式的截面构件。图中采用了一系列的拱形构件制造了一个圆屋顶框架）

图 3.10　戴维·劳埃德网球中心（David Lloyd Tennis Centre）

（伦敦，英国。主结构构件是叠层木材拱形结构，跨度为35m）［摄影：特拉达（TRADA）］

叠层木材的一般质量和强度高于锯材。有两方面重要原因，一方面是应用有小截面的基本构件比大型的锯材构件能够更加有效地自然干燥，并有较少的自然干燥瑕疵；另一方面，采用榫接方法能使强度减少最小并可以除去组合板中的主要瑕疵。叠层木材的用途主要是作为锯材构件范围的一种扩展，它被用于类似的结构布置中，如间隔密集的格栅，并能获得更大的跨度。叠层木材构件的强度高也使它能够更有效地被应用在骨架结构中。

图 3.11 胶合板腹板

(I形截面的组合梁由胶合板腹板连接的锯材翼缘组成。胶合板腹板成波纹状，用很薄的截面就能达到必要的抗压稳定性)[摄影：芬兰国际胶合板公司(Finnish Plywood International)]

复合板是由木材和胶制成的工业产品。有各种各样的这类工业制品包括胶合板、板条芯胶合板和刨花板，所有这些板都以薄板形式存在。胶的注入量很大，产生了良好的尺寸稳定性，减少了各向异性性能的发展程度。多数复合板对于钉和螺钉周围的应力集中区的分离也有较高的抵抗力。

复合板通常用来作为次要元件，如组合木结构中的结点板。复合板的另一个常见用途是作为I形或箱形截面复合梁中的腹板构件，而锯材作为翼缘(图 3.11 和图 3.12)。

图 3.12 位于拉德兰塔的体育场（Sports Stadium）

（拉德兰塔，瑞典。主要结构构件是具有箱形截面的胶合板拱形结构）（摄影：芬兰国际胶合板公司）

总起来说，木材为建筑物设计者提供了一种具有综合性能的建筑材料，使他们能够建造出简单的轻型结构。但是它的强度低、基本构件尺寸小、得到优质结点的难度大，这些原因往往限制了可能的结构尺寸。另外，大多数木结构规格小，这就决定了结构跨度小、楼层低。目前，木材在建筑业中被广泛用于住宅房屋中，被用作为主要结构材料构成建筑物的整个结构，如在木墙板结构中，或在承重砖石结构中被用作水平构件。

3.4 钢

钢作为主要结构材料的历史可以追溯到19世纪后叶，那时研制了大规模制造钢的廉价方法。钢是一种具有良好结构性能的材料。在抗拉和抗压方面它具有高强度和等强度，因此适合于结构构件的全变化范围；它几乎可能等效地抵抗轴向拉力、轴向压力和弯曲类荷载。钢的密度高，但强度与重量之比也高，因此只要结构形式能确保材料被有效利用，钢构件的组成不会超重。因此在承担弯曲荷载的地方，有必要采用“改进型”截面（见4.3节）和纵断面。

钢的高强度和高密度有利于它应用于结构骨架。在骨架结构中，结构的体量相对于所支撑的建筑物总体量要小，但也采用了有限的板型幅度范围。结构板型构件的一个例子是压型楼板，采用压型钢板与混凝土或者有时与木材相连（图3.13）组成复合结构。这些结构有“改进型”波纹截面，以保证达到足够的有效层。由扁钢板组成的楼板单元是不多的。

图3.13　霍普金斯别墅（Hopkins House）

［伦敦，英国；建筑师：迈克尔•霍普金斯（Michael Hopkins）；结构工程师：安东尼•亨特事务所。建筑物中的楼板结构是由支撑木面板的压型钢板组成。更常见的布置方法是将压型钢板与用作为永久框架的现浇板复合使用］（摄影：帕特•亨特）

钢构件形状极大地受到制造它们的过程的影响。大多数钢的形状或者是由热轧或者由冷轧制成的。热轧是一个主要的成型过程，在这个过程中，大块的赤热的钢坯在几套成型轧辊机之间轧。刚从新炼出的钢水中浇注成的原坯截面通常大约是0.5m×0.5m，通过辊轧过程被缩小到非常小的尺寸，并制成非常精确的形状（图3.14）。所生产的截面形状的范围很大，各自都需要有自己的一套精加工轧辊机。打算作为结构用途的构件相对于总面积（图3.15）来说具有较大的截面惯性矩（见附录2.3）。I形和H形截面经常用于框架结构的梁和柱这种的大型构件中。槽钢和角钢适用于小型构件，如三角框架中的辅助支撑和小构件。方形、圆形和矩形中空截面是由不同尺寸的平板和不同厚度的实心杆组成的。所有相关标准截面的尺寸和几何性能都被列在钢结构制造商生产的截面性能的表格中。

图 3.14 热轧成型钢

(最重的钢截面是通过热轧过程生产的。在这个过程中,钢坯的形状是通过成型轧辊轧制成的。这就制成了直边的、侧面平行的和等截面的构件。当钢被用于建筑物和制造成各种可接受的有限形式时,设计师必须考虑这些特点)[摄影:英国钢铁公司(British Steel)]

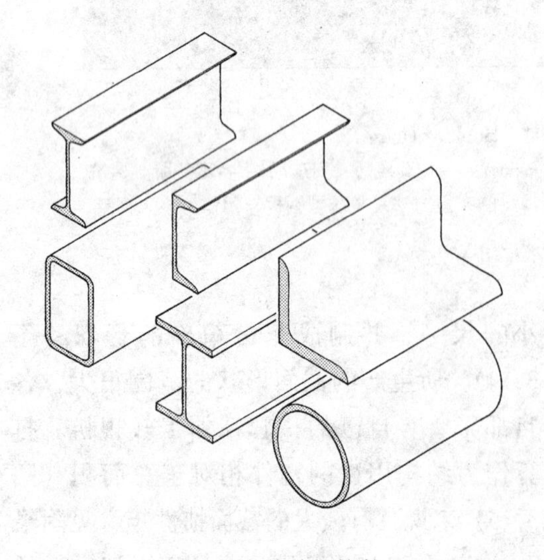

图 3.15 热轧钢构件

制造大量钢构件的另一种方法是冷轧。在这个过程中,通过热轧过程生产的薄片平板钢在冷处理状态下被折叠或弯曲,形成结构截面(图 3.16)。所产生的构件与热轧截面有相同的特性,因为它们各边平行,截面相等,但钢的厚度非常小,因此很轻,当然承载能力也很低。然而,冷轧过程可以得到更复杂的截面形状。不同于热轧的另一个方面是用于冷轧的制造设备非常简单,可以用来生产专门用途的特制截面。由于它们承载能力低,冷轧成型钢主要用作屋顶结构中的附属构件如檩条和覆面支撑系统。它们在未来的发展潜力是不可估量的。

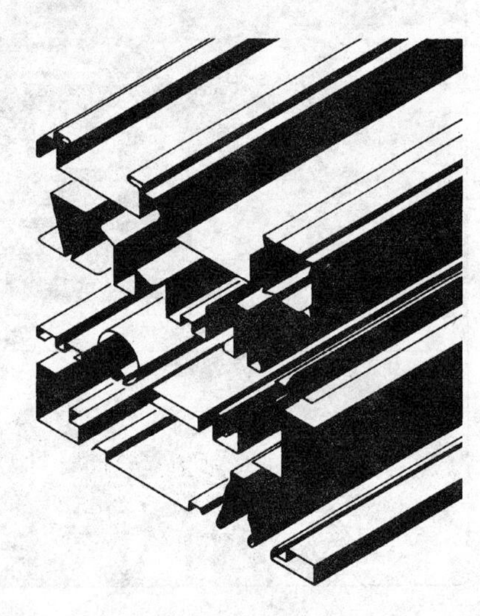

图 3.16 冷轧成型钢

(冷成型钢是由薄片钢板中制造而成。与热轧相比,冷轧能够形成更多的截面形状)

结构钢构件也可以通过铸造制成，在这种情况下，可以制成非常复杂的特定形状。然而，这种技术在用于结构构件时问题还是很多的，因为在整个过程中要保证铸造方法正确、质量统一还是比较困难的。在 19 世纪黑色金属结构初期阶段，当铸造技术被广泛应用时，发生过许多结构被破坏的情况，最典型的是 1879 年在苏格兰发生的泰河铁路大桥（Tay Railway Bridge）的破坏。该项技术在20世纪很少被应用，但是技术的进步使它有可能重新被采用。目前突出的例子有巴黎蓬皮杜中心的“葛尔培卡钳（gerberettes）”（图3.17和图7.7）和伦敦滑铁卢车站上的火车车棚钢架上的接头（图7.17）。

在建筑物中使用的结构钢架大部分都是由热轧型构件制成的，这对于结构的布置和整体形状有重要的影响。这种轧钢过程所产生的明显结果是构件被制成棱柱形的：它们各边平行、截面相等，并且相邻边都是垂直的——这使结构呈现一种正直边格式（图iv、图1.10和图7.26）。然而在最近几年，已经研制出各种方法，将热轧结构钢构件弯曲成弧形断面，这就扩大了钢所使用的形式范围。然而，制造过程的确相当严重地限制了钢结构整体形状的生产。

制造过程由于多种原因也影响着钢结构所能达到的实效水平。通常不可能生产出专门用途的特定截面，因为这需要有专门的设备，并且所需资金远远超出单个项目的预算成本，为了经济利益，必须采用标准截面，为此在实效方面做些让步是必要的；另一种方法是采用特制构件，这些特制构件是由标准部件焊接在一起被制成的，如I形截面是由平钢板制成的。这在制造成本上比采用标准轧钢截面要大。

使用“无钉（off-the-peg）”构件的另

（a）

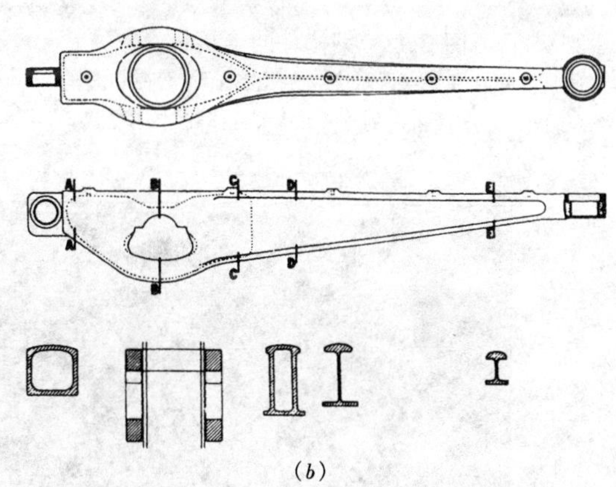

（b）

图3.17 葛尔培卡钳是铸钢构件

（用于蓬皮杜中心没有其他方法能够用钢生产出这种大小和形状的构件）（摄影：A. 麦克唐纳）

一个缺陷是标准截面具有恒截面，因此沿长度方向上是等强度的。多数结构构件都要承受内力，这些内力从截面到截面是不相同的，因此这些结构构件沿长度方向上要求有不同的强度。当然也可以在有限范围内改变所提供的截面尺寸。例如，一个I形截面的构件的深度能够通过从腹板上切下一两个翼缘、将板切成楔形面，然后再将翼缘焊回去的方法加以改变。同样的，按照上述方法楔形I形梁也可以将三块平板焊在一起而形成一个I形截面。

钢结构是预制的，因此构件之间的接头设计是整个设计的一个重要方面，它影响结构性能和框架的外形。连接可以通过螺栓或焊接两种方式进行（图3.18）。螺栓固接对于荷载的传递效果较差，因为栓孔减少了构件截面的有效尺寸，产生应力集中。螺栓固接非常不美观，除非仔细处理。焊接方法比较整齐，能够更为有效地传递荷载，但是焊接过程要求有非常熟练的技术，需要认真准备好所需要焊接的构件，焊接之前必须要对齐。由于这些缘故，通常避免在施工现场进行焊接，一般都是提前将钢结构焊好，在现场再用螺栓固接在一起。构件需要被运输到施工现场，这样就限制了单个构件的尺寸和形状。

钢是在非常高的质量控制条件下制造的，因此具有可靠的特性，允许在结构设计中使用较低的安全系数。这种设计加上钢的高强度特性，产生了一种轻型的细构件。热轧和冷轧型构件的基本形状被控制在精度很高的范围内，钢本身可以进行非常细微的加工和焊接，由此能够制造出外表整洁的接头。非常精制的结构具有整体可视性效果，见雷诺销售总部大楼（Renault Sales Headquarters）（图 3.19）。

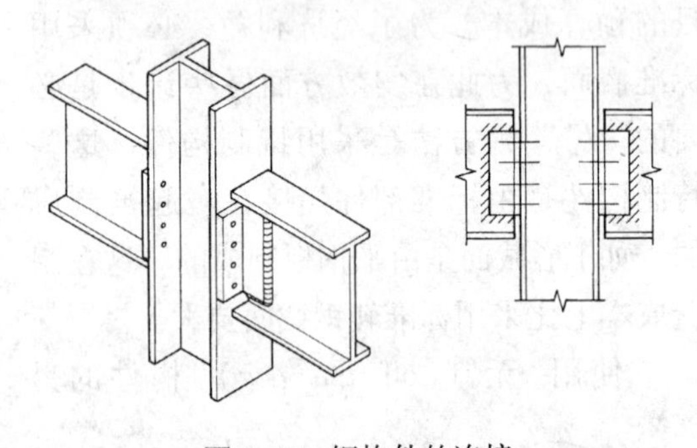

图 3.18 钢构件的连接

（通常是螺栓和焊接两种方法的组合。通常在制造车间进行焊接，再到施工现场进行螺栓固接）

钢有两个问题，一是防火性能差，高温作用下，钢在相对较低温度所具有的机械性能会丧失；二是钢的化学稳定性很差，这使它容易受腐蚀。由于防火和防锈材料特别是防锈漆的发展，这两个问题都在某种程度上得到了解决。但是钢结构的外露总是棘手的问题，从内部来说，必须要考虑火对它的影响；从外部来说，耐腐性则是一个问题。

图 3.19 雷诺销售总部大楼

（斯温登，英国，1983 年；建筑师：福斯特设计事务所；结构工程师：奥韦·阿茹普工程事务所。钢架连接部位看上去非常整齐）（摄影：阿拉斯泰尔·亨特）

总起来说，钢是一种可靠性能好、强度大的材料。它主要被用于由热轧构件组成的骨架结构中。它允许人们生产出轻质细长的结构，给人以一种整洁、精度高的感觉。它也能生产出跨度长、高度大的结构。尽管生产过程对于钢框架的形状有一定的限制，但同时垂直的、边与边平行的杆件产生出来的整体形状非常规则，因而受人青睐。

3.5 混凝土

混凝土是一种由石块（填充料）和以水泥为粘合料而组成的复合材料，它被看成为一种人造砖石材料，因为它具有石和砖的特性（密度大、抗压强度适中、抗拉强度最小）。它是将干水泥和碎石按适当的比例掺合在一起，然后再加水，这样会造成水泥水解，结果使整个混合物成型和硬化，形成一种具有石料类性能的物质。

未加钢筋的素混凝土与砖石的性能相同，因此它的用途与砖石的用途一样，这一点在3.2节已说明。最引人注目的素混凝土结构是早期大型有拱顶的罗马古迹房屋(图7.30~图7.32)。

混凝土与砖石相比，最大优势在于在房屋建造过程中它是以半液体形式出现的。这会产生三个重要结果。首先，这意味着其他材料能够很容易地加到混凝土里面以增强它的性能。最典型的实例是将钢筋加到混凝土中形成一种复合材料（钢筋混凝土，图3.20)。钢筋使混凝土除了具有抗压强度外，还有抗拉和抗弯强度。其次，液体形式的混凝土可以浇筑成各种各样的形状。第三个结果是浇筑过程允许各构件之间进行有效地连接，由此产生的结构连续性大大增强了结构的有效性（见附录3)。

钢筋混凝土除了有抗压强度外还有抗拉强度，因此适合于制造各种类型的结构构件，包括承受弯曲荷载的构件。它也是非常有用的高强度材料。因此混凝土能够用于结构布置中，如高强度材料和相当细的杆件。它也能用来建造长跨度结构和高层、多层结构。

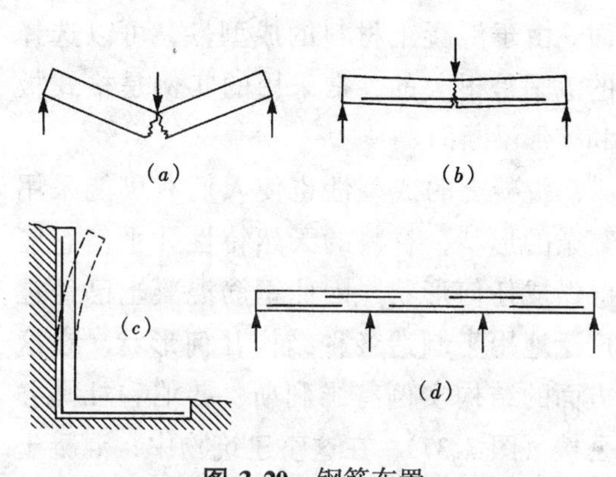

图 3.20 钢筋布置
(在钢筋混凝土中，钢筋应布置在拉应力发生的地方)

尽管混凝土能够浇筑成复杂的形状，但人们通常还是比较偏爱比较简单的形状，因为它在施工中比较经济（图3.21)。因此

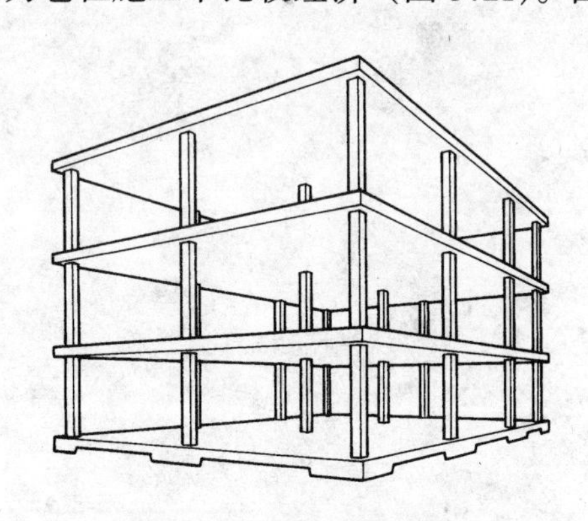

图 3.21 多层框架布置
(尽管钢筋混凝土的成型能力很强，但这种材料通常具有相对简单的形状，因此在建造成本上较为经济)

大多数钢筋混凝土结构都是由直梁和直柱组成的柱-梁布置（见5.2节)，具有单一的实心矩形和圆形截面，用于支撑等厚度的平面板。浇筑这类结构的模板制造和安装

都很简单，因此价格便宜，并且还能够在相同的建筑物中重复使用。虽然这些非活性模式布置（见4.2节）效率比较低，但在跨度小的位置上（6m之多）却是很理想的。在需要更大跨度的地方，则采用更为有效的“改进型”截面（见4.3节）和断面。由于混凝土材料的成型性，可以选择的范围是很大的，常采用的实例是格式板和楔形梁断面。

混凝土的成型性也使人们有可能采用复杂的形状，材料的天然特性几乎使它能够做成任何形状，因此钢筋混凝土已经被广泛地用于制造各种结构几何形状。在这方面的结构实例有维利斯、弗伯和杜马办公楼（图7.37），在这座建筑物中，混凝土的成型性和可能出现的结构连续性被用来建造一种多层非规则弯曲平面图结构，该结构在周边柱上具有悬臂楼板。伦敦的劳埃德总部大厦（图7.9）中特别突出的部位是裸露混凝土框架，该框架详细表达了它的结构功能特性。理查德·迈耶和彼得·埃森曼的建筑作品（图1.9和图5.18）也是这类结构实例，它们充分体现了钢筋混凝土的固有特性。

有时采用混凝土结构的几何形体是因为它们的效率高。被采用的理想的钢筋混凝土活性模式壳就是这方面的实例（图1.4）。这些壳体的实效很高，100m或更大的跨度已经实现，壳体只有几十毫米厚。在其他情况下，高水平的结构连续性使人们有可能建造出浮雕型建筑形式，尽管这些形式可以表达建筑含义，但从结构观点上说，它们并非十分合理。这方面非常著名的实例是勒·柯布西耶设计的朗香教堂的屋面（图7.40），在这个教堂中，相当独立、效率很低的结构形式是用钢筋混凝土建造的。另一个例子是弗兰克·盖里（Frank Gehry）设计的维特拉设计博物馆（Vitra Design Museum）（图7.41）。用任何其他的结构材料建造这些结构形式都是不可能的。

第 4 章

结构形式与结构实效之间的关系

4.1 引言

这一章讨论结构形式与结构性能之间的关系，特别论述结构几何形体对于达到足够强度和刚度的结构实效❶ 的影响。

结构构件的形状，特别是它们在纵轴方向上与施加荷载模式相关的形状决定了在它们内部所发生的内力种类，并且影响这些力的大小。这两种因素——由特定荷载的作用所产生的内力的种类和大小——对于能够得到的结构效应有明显的影响，因为它们决定着保证构件具有足够强度和刚度所需材料的用量。

这里根据结构形式与实效的关系假设了结构构件的分类体系。这种体系是为了帮助理解结构构件在确定整体结构性能方面的功能。因此，这种假设为把建筑物看作为一个结构实体提供了基础。

4.2 结构形式对内力类型的影响

建筑结构中的构件主要承受轴向内力或弯曲型内力，它们也可能承担这些内力的组合。就结构实效来说，轴向内力和弯曲内力的区分是很重要的，因为轴向内力比弯曲内力能够更加有效地被抵抗掉。其主要原因是轴向受力构件截面上发生的应力分布基本上是定值，这种均布应力允许构件中所有材料的应力达到极限。选择好截面尺寸，就可以确保应力达到其所作用的材料能够安全抵抗并充分发挥材料效应的程度，从而使所有材料都发挥全部作用。弯曲应力在截面上每一处的强度都发生变化（图 4.1），在中性轴处为最小，在最外纤维处为最大（见附录 2），因此只有在最外纤维处的材料能够达到最大应力，大部分材料都未完全达到完全应力值，因此材料没有得到充分利用。

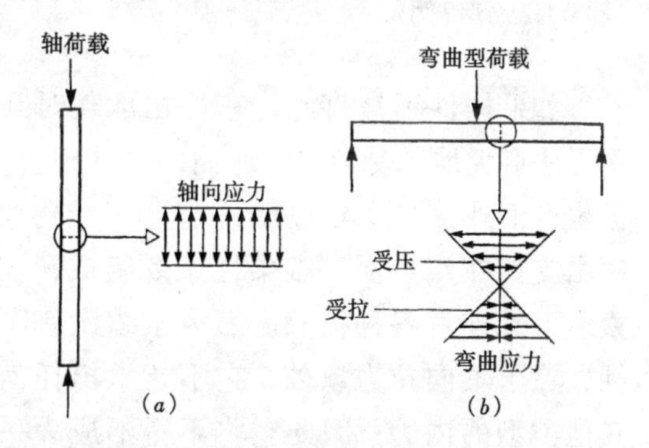

图 4.1 弯曲应力

（其应力大小在每个截面上都不相同，从一端受压应力最大到另一端受拉应力最大）

(*a*) 承担纯轴向荷载的构件承受轴向应力，应力密度在穿过所有截面平面时均为恒值；(*b*) 纯弯曲型荷载（即垂直于构件轴向的荷载）使弯曲应力在所有截面上发生

发生在构件中的内力类型取决于它的主轴（纵向轴）方向和它所承受的荷载方向之间的关系（图 4.2）。如果一根杆件是直的，而施加的荷载沿它的纵向轴作用，则轴向内力就会发生；如果所施加的荷载

---

❶ 结构实效在这里是根据为承担一定量的荷载所能提供的材料重量来考虑的。如果构件的强度与重量之比大，则认为构件的实效高。

与纵向轴成直角，则发生弯曲型内力；如果倾斜施加荷载，将出现轴向和弯曲应力的组合。仅轴向和仅弯曲情况事实上是最一般组合情况的特例，但它们则是在建筑结构中最常见的荷载类型。

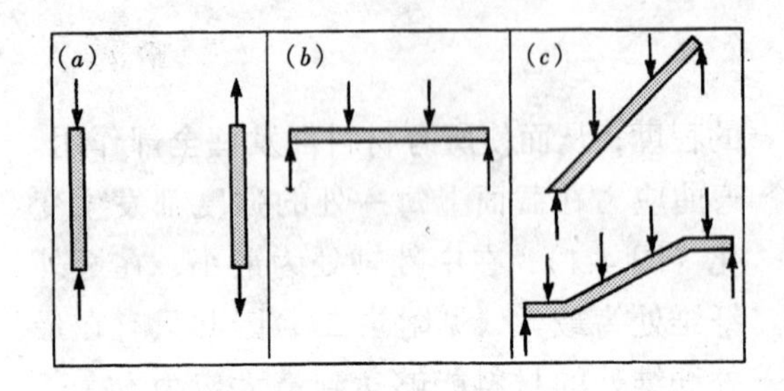

图 4.2 荷载与结构构件之间的基本关系
(a) 沿主轴方向的荷载：轴向内力；(b) 与主轴垂直的荷载：弯曲型内力；(c) 与主轴倾斜的荷载：轴向和弯曲混合型内力

如果构件不是直的，它将在承载时几乎无法避免地承受轴向和弯曲内力的组合，但也有例外，如图 4.3 所示。这里，结构构件由支撑在端点上一根柔性索缆组成，在索缆上悬挂着各种荷载。因为索缆没有刚性，除了轴向拉力以外，它不能承担任何其他类型的内力；因此它将不得不成为一种抵抗属于纯轴向拉力的内力荷载的形状。这种由纵向轴绘出的形状对于荷载模式是唯一的，因此它被称为这种荷载的“活性模式”❶ 形状。

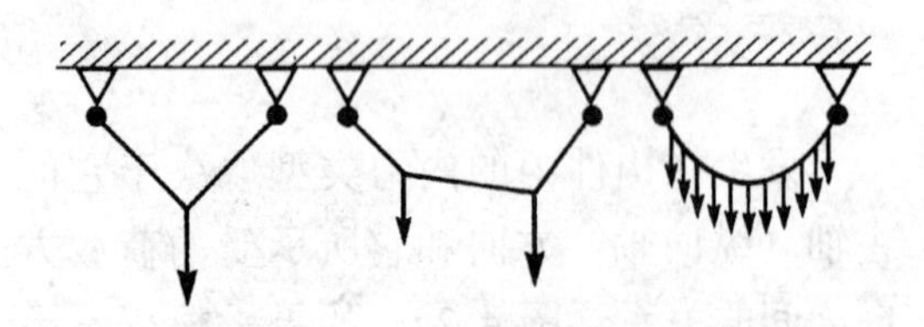

图 4.3 受拉活性模式形状
(因为缆索没有刚性，它必须表现为一种活性模式形状。活性模式形状允许缆索抵抗具有纯受拉内力的荷载。不同的荷载分布产生不同的活性模式形状)

正如图 4.3 所示，缆索所采用的形状取决于施加的荷载的模式；当荷载集中在个别点上时，活性模式形状为直边形的，如果荷载沿缆索分布，活性模式形状就是曲线性的。如果缆索只是因自重下垂，它采用一种被称为“悬链线”的曲线形式（图 4.3)，缆索自重是一种沿它的整个长度方向作用的分布荷载。

对于任何荷载模式来说，活性模式形状的一个有趣的特征是，如果构造一种刚性构件，其纵向轴是由缆索所呈现出的活性模式形状的镜像，则当施加相同的荷载时，这种刚性构件也将只承受轴向内力，尽管由于刚性它也可以承担弯曲型内力。在镜像中，所有的轴向内力都是压力（图 4.4)。

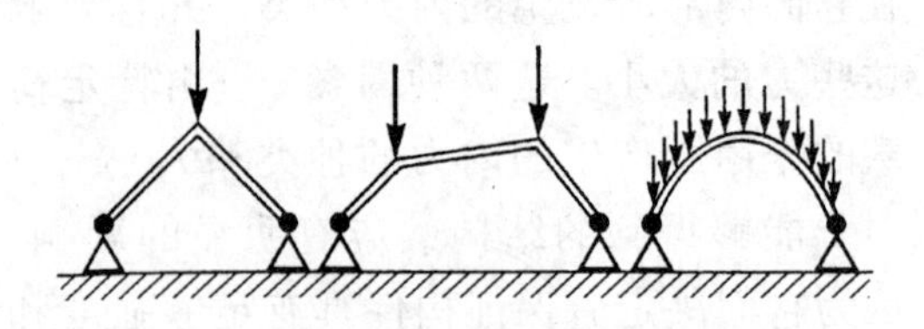

图 4.4 受压活性模式形状

缆索结构和它的刚性“镜像”对应物是整个承担轴向内力的结构构件组的简单实例，因为它们的纵向轴与施加在它们上面的荷载的活性模式形状相一致，这些构件称为“活性模式”构件。

在实体结构中，如果一种弹性材料如钢丝或钢缆被用来制造构件，它在承受荷载时将自动表现为活性模式形状。事实上，弹性材料只能变为活性模式构件。然而，如果材料是刚性的，并且需要活性模式构件，那么它就必须与施加在它上面的荷载的活性模式形状相一致，或者是在受压构

❶ “活性模式”是安吉尔（Engel）在 1976 出版的《结构体系》（Structure Systems）一书中应用于结构构件的一个术语。在结构构件中，纵向轴的形状与外加荷载模式相关，内力是轴向的。

件的条件下，与活性模式形状的镜像一致。如果不一致，内力将不是纯轴向力，就会发生一定的弯曲。

图 4.5 表示了一种活性模式和非活性模式形状的混合型，显示了两种荷载模式：整个构件上的均布荷载模式和两个等距离集中荷载模式。对于每一种荷载，构件（*a*）承担纯弯曲型内力：在这些构件中，没有轴向力能够发生，因为没有一种荷载的分量与构件的轴平行。构件（*b*）有与荷载的活性模式形状完全一致的形状，因此它们是只承受轴向内力的活性模式构件。两种情况下的力均为压力。构件（*c*）与荷载的活性模式形状不一致，因此不承担纯轴向内力。它们也不会发生纯弯曲，它们将承担弯曲力和轴向力的组合。

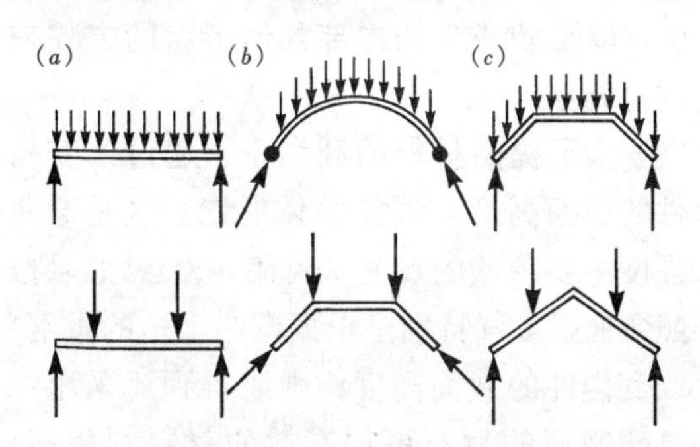

图 4.5　构件形状、荷载模式和构件类型之间的关系实例

（后者是由构件的形状和它所承担的荷载模式的活性模式形状之间的关系所决定）

（*a*）非活性（只有弯曲应力）；（*b*）活性模式（只有轴向应力）；（*c*）半活性模式（弯曲应力 + 轴向应力）

就其纵向轴的形状而论，结构构件可以分为三类：活性模式构件、非活性模式构件和半活性模式构件。活性模式构件是指那些与施加在它们上面的荷载模式的活性模式形状相一致的构件，它们只含有轴向内力；非活性模式构件是那些纵向轴与荷载的活性模式形状不一致的构件，是一种没有内力分量发生的构件，这些构件只含有弯曲型内力；半活性模式构件是指那些含有弯曲力和轴向力的构件。

重要的是，结构构件只在特殊荷载模式范围内才能成为活性模式构件。没有一种构件的形状本身就是活性模式的，例如图 4.5 中的弯曲梁形状在受到两种集中荷载时是完全活性模式构件，但受到均布荷载时则是一个半活性模式构件。

活性模式形状可能是最有效的结构构件类型，非活性模式形状则是效应最低的结构构件类型。半活性模式构件的实效取决于它们与活性模式形状相差的程度。

4.3　横截面和纵断面中“改进型”形状的概念

重新回顾一下 4.2 节一开始提到的发生弯曲型内力的构件低效应，其主要原因就在于在每个截面内存在着应力不均匀分布现象。这导致了与中性轴相邻的截面中心的材料（见附录 2）应力不足，因此使用效率很低。如果移去某些应力不足的材料，构件的效应就能够被提高，这可通过在横截面和纵断面上进行适宜的选择来获得。

将图 4.6 的横截面和弯曲应力分布图相比较可以发现，实心矩形截面中的大部分材料都应力不足，荷载主要是由存在于顶底两极（最外纤维）上的截面高应力区中的材料所承担。在 I 形和箱形截面中，多数应力不足的材料被取消，提供这些截面的构件强度与具有相同整体尺寸的实心矩形截面的构件强度一样大，它们含有非常少的材料，因此重量轻，效应高。

类似的情况也存在于板形构件中。实心板在其材料的使用方面没有那些将材料从内部移除的板的利用率高，可用硬纸板做一个简单的实验来加以说明（图 4.7）。一块平展的薄硬纸板的弯曲强度很低，但

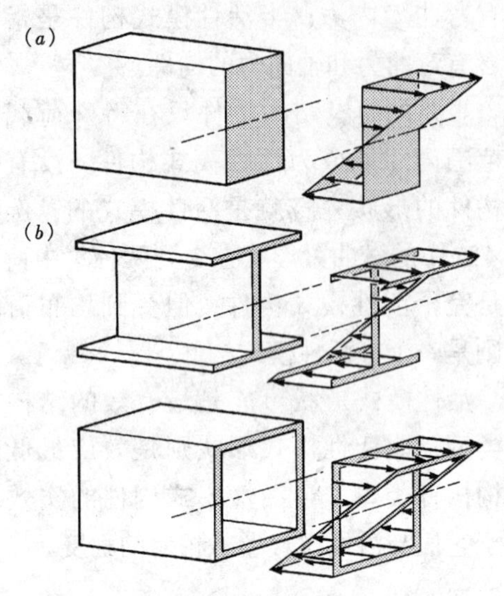

图 4.6 截面形状对承担弯曲型荷载的构件实用效应的影响

(a) 在具有矩形截面的构件中，高弯曲应力只发生在最外纤维处，多数材料承担低应力，因此使用效率低；(b) 在"改进型"截面中，材料实效的增加是通过移除大多数与截面中心相邻的应力不足的材料来完成的

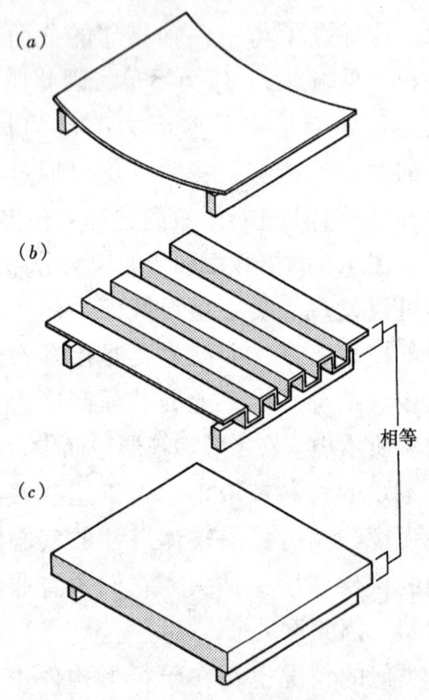

图 4.7 截面形状对抵抗弯曲型荷载的结构实效的影响

(a) 低实效的矩形截面薄纸板；(b) 高效的"改进型"截面折叠纸板；(c) 与折叠薄纸板的强度和刚度相同的低效矩形截面厚纸板

如果将硬纸板折成折叠形或波浪形，弯曲应力就会大大增加。带折叠形或波浪形截面的纸板其强度相当于具有同等总厚度的实心纸板的强度，然而要比实心纸板轻得多，因此也更有效。

总而言之，材料位于中心之外的截面在承担弯曲型荷载方面比实心截面更有效。当然，实心截面制造起来要容易得多，正因为如此，它在建筑结构领域中占有重要的地位，但就结构效应来说，它们比起 I 形或箱形截面在性能方面要差得多。在这里所提出的分类中，这两种截面类型被称为"简单实心截面"和"改进型"截面。

在纵断面中的构件形状可以采用与横截面相同的方式来处理，以提高它在抵抗弯曲型荷载时的性能。可以采取变换断面的整体形状或它的内部几何形状的方式来进行调整。

为了提高材料的利用率，通过改变构件的截面高度来调整整体形状：这是弯曲强度主要依赖的尺寸（见附录 2）。如果按照弯曲强度（特别是根据弯曲力矩的量纲）改变构件的截面高度，则能得到比采用等高度截面的材料更加有效的材料利用率。图 4.8 表示两种用这种方法改进了的梁断面，它们在弯矩大的地方高，而在弯矩小的地方矮。

通过从构件内部移除应力不足的材料也能改进纵断面的内部几何形体。图 4.9 表示了这样做的构件实例。与横截面形状的情况一样，构件纵断面的内部几何形体被称为"简单实心断面"或"改进型断面"。

一种在建筑以及其他结构类型中具有重要意义的"改进型"外形是三角状外形（即主要由三角形组成纵断面）（图 4.10）。如果这类构件只在三角形的顶点上施加荷载，则组成三角形的单个构件只承受轴向

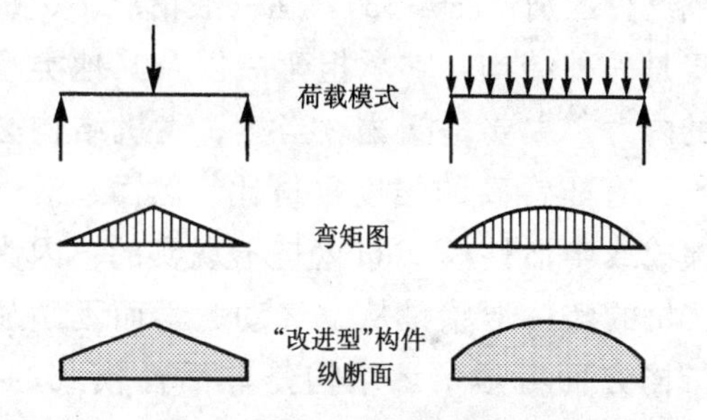

图 4.8　梁横断面的改进

(如果调整非活性模式构件的纵断面，使其与弯矩图相吻合，只在内力高的地方提供高强度，则这种构件的利用率就能够被提高)

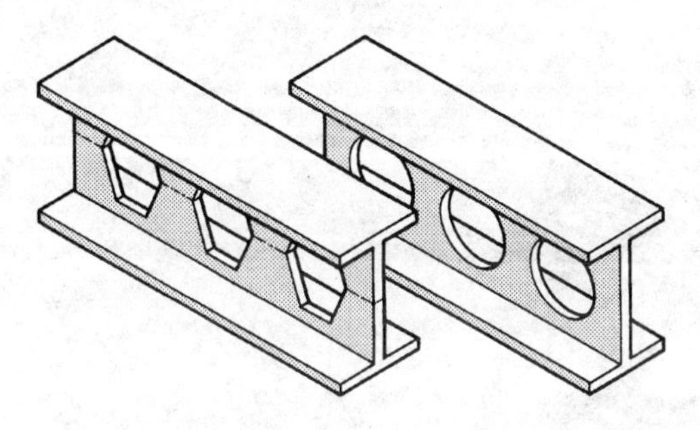

图 4.9　梁纵断面的改进

(通过在纵断面上选择某种形状能够提高非活性模式构件的利用率，在纵断面中，材料从构件中应力不足的中心位置处被移出)

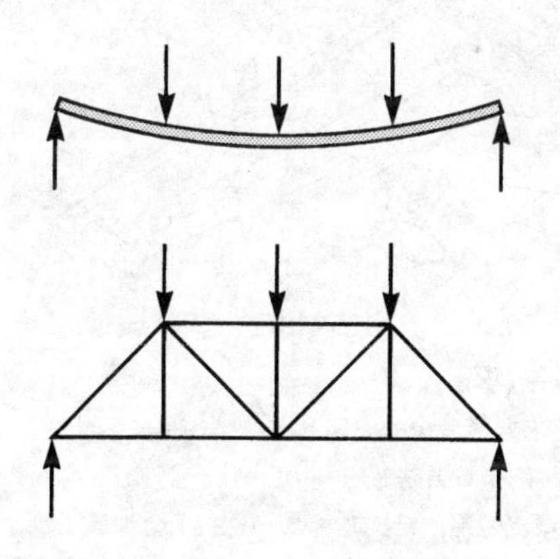

图 4.10　实心梁的强度和刚度都小于同等重量的三角形结构

内力[1]（图 4.11 和图 4.12）。总体来说，不管荷载模式和构件的纵向轴力之间的关系如何，情况都会是这样。

通过消除非活性模式构件的弯曲应力，

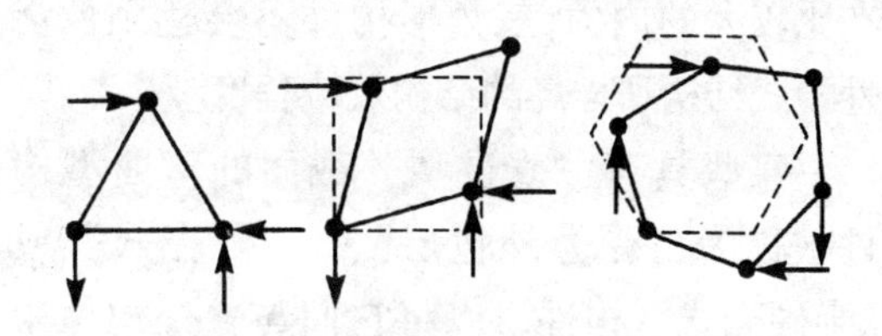

图 4.11　轴向内力的形成

(只有当三角形的一条边长改变时，三角形的几何形体才会发生改变。在三角形上施加的荷载有改变三角形几何形体的趋势，因此，荷载受到构件中的轴向内力的抵抗)

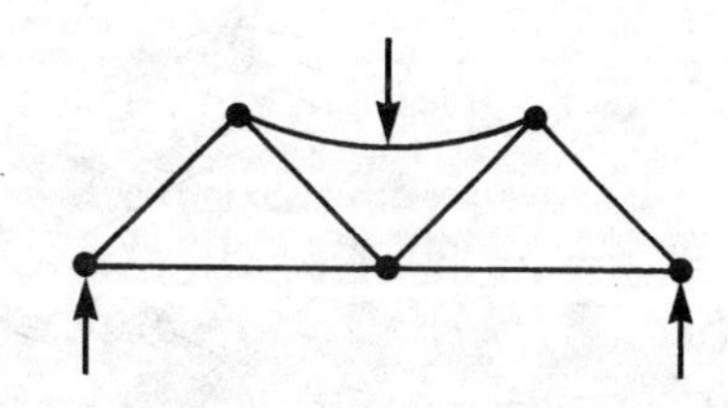

图 4.12　不产生轴向内力的情况

(如果荷载被施加到三角形结构上而不是在它的结点上，则只产生轴向内力的情况就不会发生)

内部三角形几何形体能够获得很高程度的结构效应。事实上，三角形构件与其他构件如活性模式构件相比，其优势在于不需要专门的整体形状来产生仅产生轴向应力的条件。所需要的就是将内部几何形体做成完全三角形状，只在结点处施加外荷载。然而，由于存

---

[1] 这种特性是只有几何图形中的三角形所独有的一种特征，即只有当三角形的一条或几条边的长度发生变化时，它的几何形状才能被改变（对于任何多边形来说，可以通过改变两边的夹角但保持各边的长度不变来改变它们的几何形状，见图 4.11）。三角形结构阻止可能发生的几何形状的改变（在施加荷载时所发生的情况），这主要表现在阻止三角形边长的改变。组成三角形各边的次杆件或受轴向拉力或受轴向压力，因此不管构件的整体形状是什么，假如它的内部几何形状全部由直边三角形组成且只在次杆件之间的结点上施加荷载，则只有轴应力的状态会发生。如果荷载是直接施加到一个组合杆件上而不是结点上，如图 4.12 所示，那么在那个杆件上就会发生弯曲。

在比较大的内力,三角形构件不会达到像活性模式结构那样高的结构效应程度。

某些具有“改进型”截面的弯曲型构件被称为“受力外包层”、“硬壳式”或“半硬壳式”构件，以将它们与骨架构件相区分。骨架构件由结构次杆件组成，被非结构外包层覆盖。在航空工程领域中，通过将蒙皮的“网状”双翼飞机结构与全金属飞机结构相比较，或许能够很清楚地看到这种区别（图 4.13）。在一般情况下，机身是一种结构，它承担弯曲以及其他类型的内力，主要是扭力。当然，飞机结构必须具有非常高的强度重量比。然而，活性模式或半活性模式布置是不现实的，因为飞机的整体形状是从空气动力学而不是从结构方面考虑的。结构是非活性模式的，并且必须有“改进型”的内部结构，以满足所需要的效应要求。

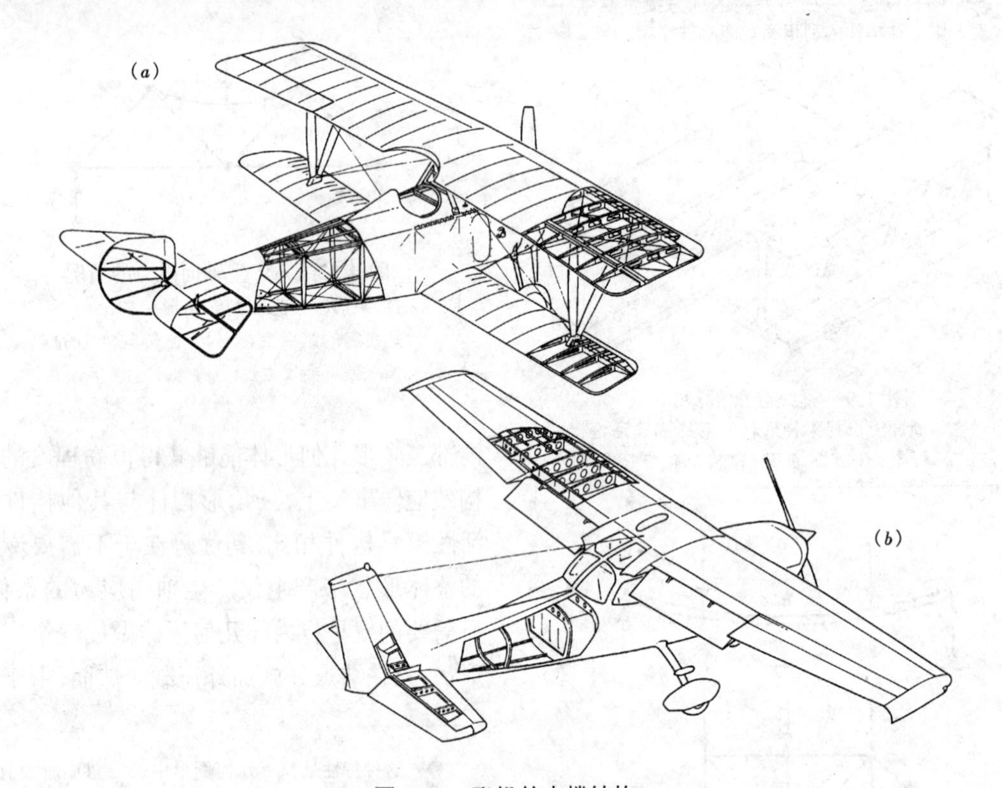

图 4.13　飞机的支撑结构

（飞机的整体形状主要是从非结构因素，特别是空气动力学要求方面考虑的。因此支撑结构是非活性的，但是人们对减少机重的优先考虑促使他们采用许多“改进型”的布置方法）

（*a*）“杆-索”双翼飞机的机身和机翼带有木网三角形结构，蒙皮包层的结构功能最小；（*b*）全金属飞机的机翼和机身是空心箱式梁，包层在其中起着重要的结构作用

在早期的双翼飞机机身中，蒙皮层几乎不具有结构功能，荷载完全是由木网框架承担的。木网框架是全三角形的，它是一种具有很高的强度重量比的高效结构。它的缺陷首先在于它的强度受到木材强度小的性质的限制；其次是因为很难在受压木杆件和受拉网之间建立有效的连接。随着飞机大小和速度的增加以及对飞机强度的要求日益增强，不可避免地要将飞机改进成为全金属结构。蒙皮层被铝合金板所

取代，内部的木网结构被铝合金制成的肋和纵梁所取代。飞机结构被称作为半硬壳式结构，在这种更加复杂的飞机结构类型中，金属层与肋和纵梁共同作用形成了一种称“受力外包层半硬壳式”的复合结构。硬壳式结构是一个术语，专门用于构件只有应力外包层组成的地方。

全金属飞机的半硬壳式机身（图4.14）是一种具有“改进型”截面的非活性模式结构构件，在这种机身中，采用一种非常薄的应力外包层，这种应力外包层必须用肋和纵梁以一定间隔加固，以阻止局部扭曲发生。可以在几个层次上看到这种“改进型”技术。总之，机身是一种具有“改进型”空心管截面的非活性模式构件，可以在管壁上做进一步的改进。管壁具有复杂的截面，截面由加劲肋和纵梁以及共同作用的应力外包层组成，加固次结构构件又因在腹板上具有复杂形状的截面和圆孔也同样被“改进”。

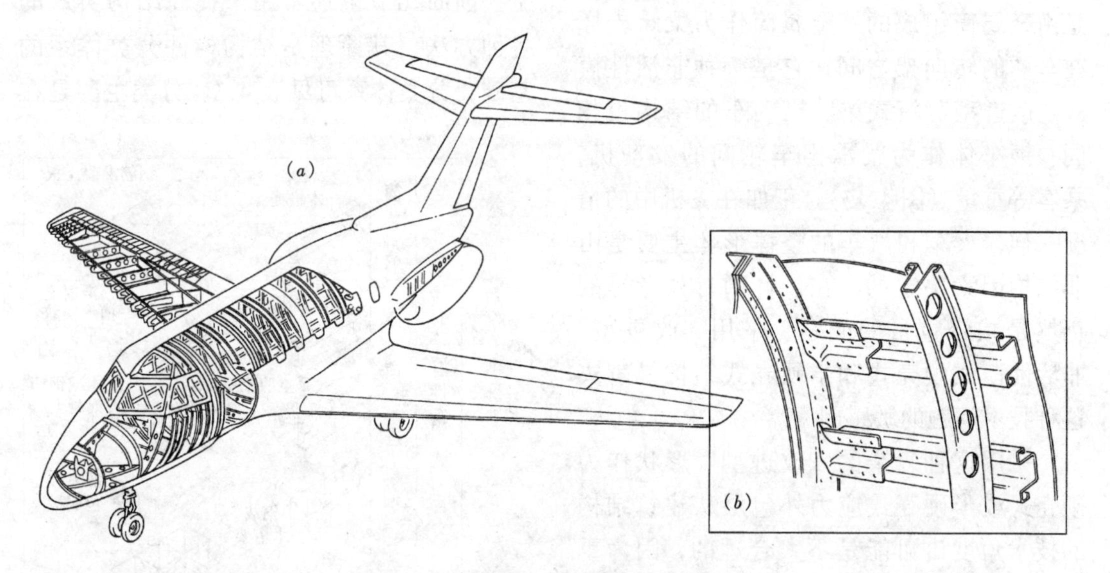

图4.14　全金属飞机的半硬壳式机身

（全金属机身是在不同程度上加以“改进”了的非活性模式结构，是一种空心箱式梁，几种类型的“改进型构件”被增加到支撑结构外包层的次构件中）

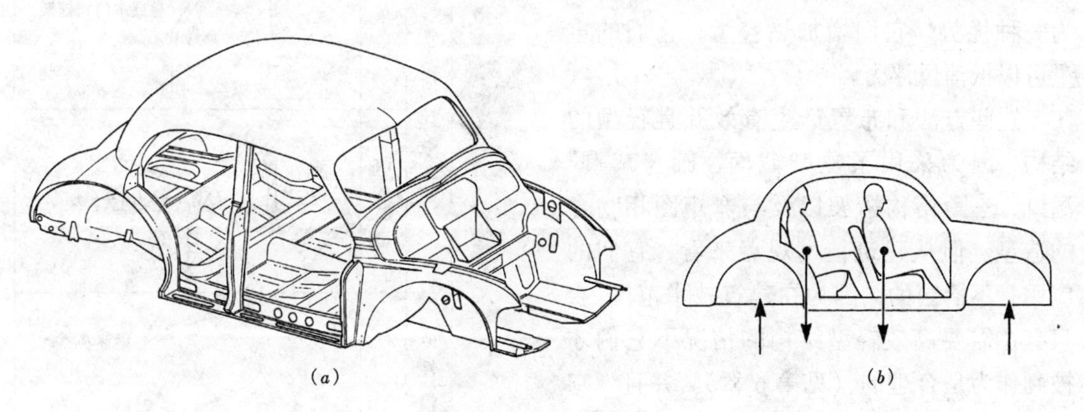

图4.15　机动车的结构

（金属车框是一个跨在车轮之间的“改进型”非活性模式梁）

因此，全金属飞机结构是一种复杂的次构件装配体，在不同层次上应用了“改进型”技术，这种复杂性虽然使结构利用率高，但生产成本也相当大。不过这对于减少飞机重量来说是合理的，因为减少每1kN都有助于改进飞机的性能，因此减少重量是飞机设计中优先考虑的因素。

同样，在车辆设计领域，特别是在火车车厢和机动车中，也能看到减轻重量这一特征的应用。现代火车车厢结构外包层是由金属筒组成的，金属筒作为梁跨支撑在车厢的转向架之间，它是一种非活性模式“改进型”箱式梁。机动车的结构也相同：钢车体作为梁承担车轮间的发动机、乘客等重量（图4.15）。正如在飞机中的情况一样，火车和汽车的整体形体主要是由非结构因素决定的，在设计中首先考虑的仍然是减轻重量的问题。采用“改进型”非活性模式硬壳式和半硬壳式结构是解决这种技术问题的敏感因素。

采用这种复杂的“改进型”形状作为硬壳式或半硬壳式应力外包层从建筑结构的技术角度讲可能是不太合理的，因为重量的减轻与制造这种复杂结构的费用相比不是需要特别优先考虑的因素。在建筑物中，效率不高的大体量结构实际上能够成为一种优势，它们增加热容量，它们的重量可以抵消风浮力。

这些方法和布置产生有效并且轻型的结构，因为采用了复杂截面、圆“减重”洞口、三角格构桁架以及与弯矩图相吻合的造型。但从建筑技术观点来看，它们的应用是不恰当的，因为在建筑技术范围内，只有在需要高效轻型结构的情况下它们才被判作为是合理的（见第6章）。并且，它们可能还有另一种建筑功能——构成一套结构视觉词汇。

为了建筑风格目的而采用的与结构实效相关的方法将在第7章讨论。这里或许可以观察到，上述情况常常用于结构上不恰当的情形中，在航空和车辆工程领域中所发明的“改进型”内容在现代建筑师，特别是在“高技派”的建筑师眼中则代表着完全失败的视觉语言。

4.4 结构构件的分类

前面几节论述了用来提高结构实效的各种方法，其原理是结构构件分类体系的基础，分类体系可见表4.1。分类主要是在

表 4.1

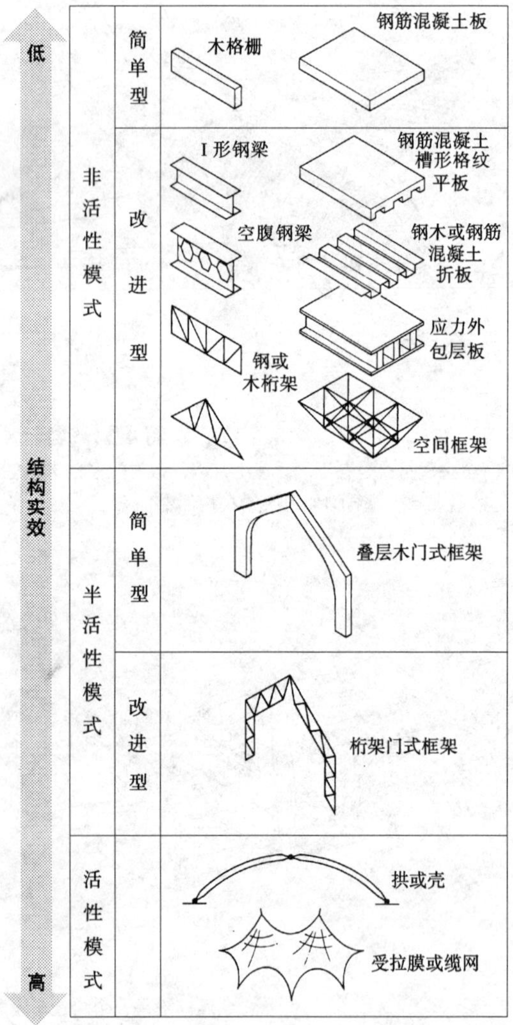

结构实效（低→高）		
非活性模式	简单型	木格栅；钢筋混凝土板
	改进型	I形钢梁；钢筋混凝土槽形格纹平板；空腹钢梁；钢木或钢筋混凝土折板；应力外包层板；钢或木桁架；空间框架
半活性模式	简单型	叠层木门式框架
	改进型	桁架门式框架
活性模式		拱或壳；受拉膜或缆网

活性模式构件、半活性模式构件和非活性模式构件之间进行的，因为这是确定达到实效水平的最重要因素。构件可以根据它们在横截面和纵断面中所表现的“改进”程度来进一步分类。由于组合与排列数量非常大，表4.1只列出了总的选择原则中的一种。效率最低的形状（横截面和纵断面都是简单形状的非活性模式构件）被放在表的顶部，效应程度沿着表向下不断增大；而效率最高的形状——受拉活性模式构件，则被放在最下面。表4.1中将线构件和面构件之间进行了划分：在线构件如梁中，其中一维方向上的效应比另两维大得多，而在面构件如板中，其中一维方向上的效应则比另两维小得多。

这个体系将结构的形式或外形与它的技术性能相连，从而把建筑物或者事实上是任何人工制品看作为结构体提供了依据。这对于参与不管是建筑设计或者是对建筑物进行评论的人都是必须考虑的重要因素。

该体系是建立在结构有效性的思想基础上的：结构构件根据它们能够抵抗荷载的效应水平来分类，当然抵抗荷载是它们的基本功能。结构设计的主要目标是获得适当的有效水平而不是最高水平。影响结构相应有效水平的因素将在第6章讨论。然而，在缺乏判断有效性手段的条件下讨论能否达到适当的有效水平是不现实的，这里提出的体系提供了该判断手段。

本章所涉及的结构与建筑之间关系的一个方面，便是判断与结构有效性相关的特征是否能够用来作为一种视觉词汇的基础，这种视觉词汇包含着一种建筑意义，表达出建筑技术上的进程和进步。这一问题将在7.22节讨论。

第 5 章

整体结构布置

5.1 引言

多数结构都是大量的构件组合，整体结构的性能主要取决于它所包含的构件类型和这些构件的连接方式。第 4 章考虑了结构的分类，表明了对于构件类型的主要影响在于与外加荷载模式相关的构件形状。在重力荷载通常是最主要作用荷载的建筑领域中，有三种基本布置：梁-柱、活性模式、半活性模式（图 5.1）。梁-柱结构是垂直和水平构件的组合（后者是非活性模式的）；完全活性模式结构是完整的结构，其几何形体与所施加的主荷载的活性模式形状相一致；介于这两者之间的布置是半活性模式布置。

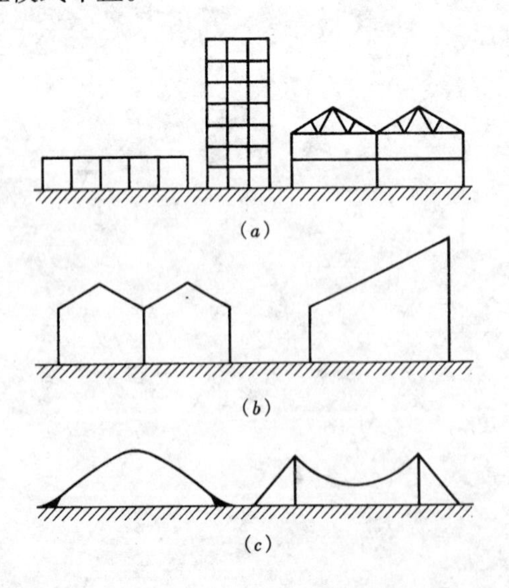

图 5.1 三种基本几何形体
(*a*) 柱与梁；(*b*) 半活性模式；(*c*) 活性模式

构件之间的连接属性（活性模式、半活性模式或非活性模式）极大地影响结构的性能，根据这种标准，它们可以说成是“非连续的”或“连续的”，这取决于构件是如何相连的。非连续结构只含足够的使结构稳定的约束数量；它们是由构件通过铰接[1] 连接在一起的组合件，并且多数非连续结构也是静定结构（见附录 3），典型的实例如图 5.2 所示。连续结构含有的约束数量大于稳定性所要求的最低约束数量，多数连续结构也是静定结构（见附录 3），它们很少用铰接，许多根本就没有铰接（图 5.3）。多数结构的几何形体能够被制成连续的或非连续的，取决于构件之间的连接属性。

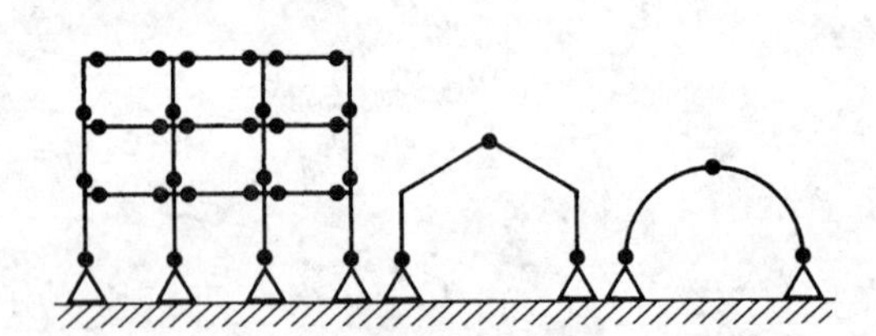

图 5.2 非连续结构
（多层框架缺乏足够的稳定性所需要的约束，它需要增加支撑系统；三铰门式框架和三铰拱是自支承式静定结构）

非连续结构的主要优点是在设计和建造两方面都很简单，另外则是在发生基础

[1] 铰接亦不是真正的铰，它只是一种简单的连接，并不能阻止构件发生相互旋转。多数构件之间的连接都属于这一类。

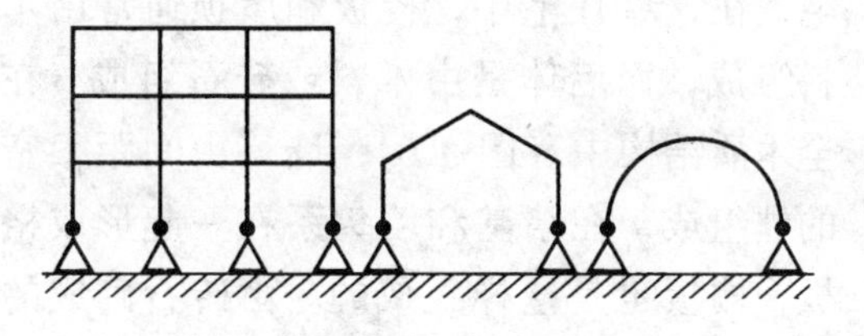

图 5.3　连续结构
（都是自支撑和超静定结构）

不均匀沉降和构件的长度发生变化时，如由于温度变化造成的构件膨胀或收缩，非连续结构不会产生额外的应力。在这些条件下，非连续结构不需要在构件中增加任何内力就能调节它的几何形体以适应这种运动。非连续结构的一种缺陷在于对于任何施加的荷载都比具有相同基本几何形体的连续结构含有更大的内力；它需要更大的构件来达到承担同样荷载的能力，因此它的利用率比较低。另一种缺陷是为了能够保持几何形体的稳定性，它必须有比连续结构更规则的几何形体。这就限制了设计者选择结构形式的自由，明显影响了建筑物的形状。多数典型的钢结构都是非连续的（图2.11和图5.16），它们的规则几何形体证明了这一点，因此非连续结构是一种最基本的结构布置方式，尽管它的效应非常低，但却很简单，在设计和建造时都比较经济。

连续结构的性能比非连续结构的性能复杂，在设计和建造方面困难更多（见附录3），而且它们会产生除了施加荷载所产生的额外的内力，如由于热膨胀和基础下沉所引发的变形而产生的内力，但它们可能比非连续结构的效率高，几何稳定性强，这些特点允许设计者有更大的自由去控制结构的整体形体及由整体形体支承的建筑物形式。图1.9和图7.37展示了具有连续结构的建筑物，以此证明上述观点。

5.2　梁—柱结构

柱与梁是承重墙结构或框架结构中的重要部件，两者都是常用的结构形式。在每一种结构形式中，都可能采用多种结构布置形式，可以是连续型的，也可以是非连续型的，也能够采用大的跨度区间，这取决于所使用的构件类型。

承重墙结构是一种梁—柱布置，在这种布置中，一系列水平构件被支撑在直立墙上（图5.4）。正如常发生的情况一样，如果构件之间的连接是铰接，则当施加重力荷载时，水平构件承受纯弯曲型内力，竖向构件承受纯轴向压内力。基本形式是不稳定的，其稳定性由支撑墙所提供，因此这些建筑物的平面图由两种墙组成：承重墙和支撑墙（图5.5）。承重墙承担楼板和屋顶的重量，它们通常是平行布置，间距几乎相等，根据空间划分的许可尽可能设置得比较近，以使跨度最小。支撑墙通常是按承重墙垂直方向布置，因此建筑物内部在平面图上是多格的和直线形的，但是，不规则平面形状也是可能的。在多层方案

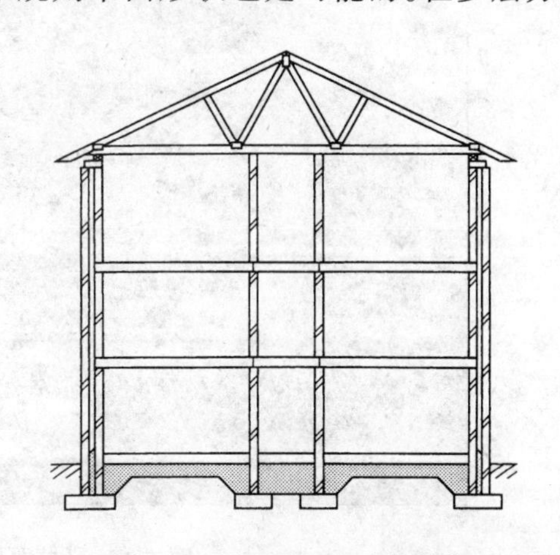

图 5.4　在梁-柱承重砌体结构
（第一层和第二层的钢筋混凝土楼板沿一个方向跨在外墙和内纵墙之间。木桁架式椽条承担屋顶重量，并跨在外墙之间的整个建筑物上）

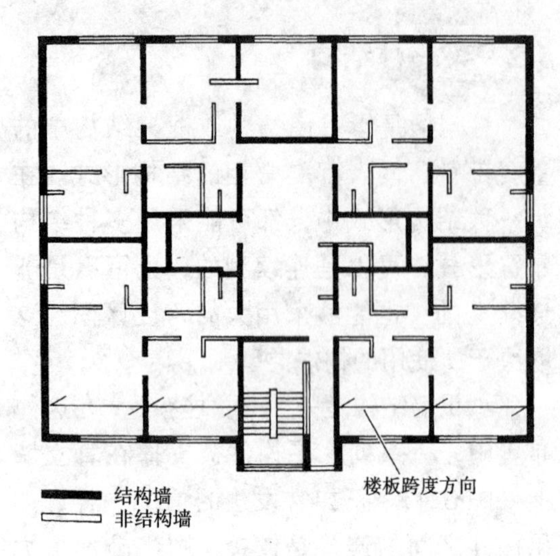

图 5.5 多层承重墙结构平面图
（楼板结构跨在平行结构墙之间，在正交方向选择的墙用作为支撑构件）

中，平面图几乎在各层都是一样的，以保持承重墙的竖向连续性。

承重墙结构广泛应用于建筑的各种类型及各种尺寸中(图5.6、图1.13和图7.36)。最小的承重墙结构是一层或两层的家庭住宅，在这些住宅中，楼板和屋顶通常由木料组成，而墙体是由木料或砖石组成。在全木质结构中（图 3.6），墙壁由间距很密的柱组成，在墙基和墙头系在一起形成格板，楼板也是这样建成的。由砖石砌成的墙中，木或钢筋混凝土结构构成楼板。尽管钢筋混凝土很重，但是它们能够同时具有两个方向上的跨度，这种优势允许采用更加不规则的支撑墙布置，通常可以增加设计的自由度（图 5.7）。钢筋混凝土楼板也能够具有比木地板更大的跨度，它们能够提供更坚固更稳定的建筑物，同时还具有提高防火性能的结构优势。

尽管带有简单的实心截面的梁和板通常被用于承重墙建筑物的楼板构件，但它们的跨度较小（见 6.2 节）。因此，三角形桁架形式的轴向应力构件经常在屋顶结构中被用来形成水平构件。最常用的轻型屋顶构件是木桁架（图 5.8）和轻型钢格构大梁。

图 5.6 科林西思法院（Corinthian Court）
［爱丁堡，英国；建筑师：巴伦·维尔莫尔设计事务所（the Barton Willmore Partnership）；结构工程师：格兰维尔事务所（Glanville and Associates）。这座三层办公楼的垂直结构是由承重砌体结构组成的，建筑面积为 55m × 20m，很少有内墙，楼板是钢筋混凝土结构］

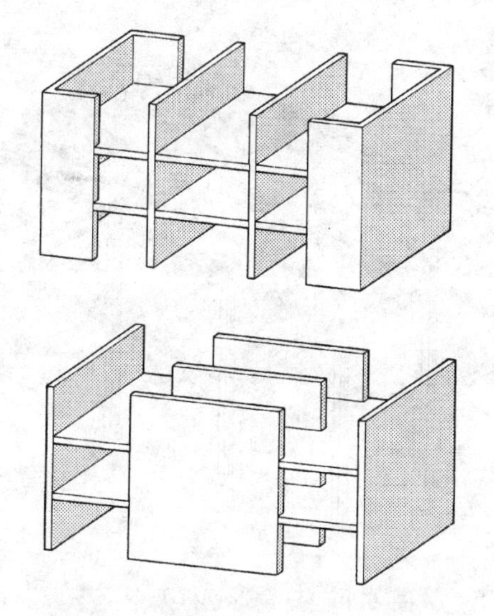

图 5.7　双向的钢筋混凝土楼板结构
(这样承重墙的定位比单跨木质或预制混凝土楼板有更大的自由度)

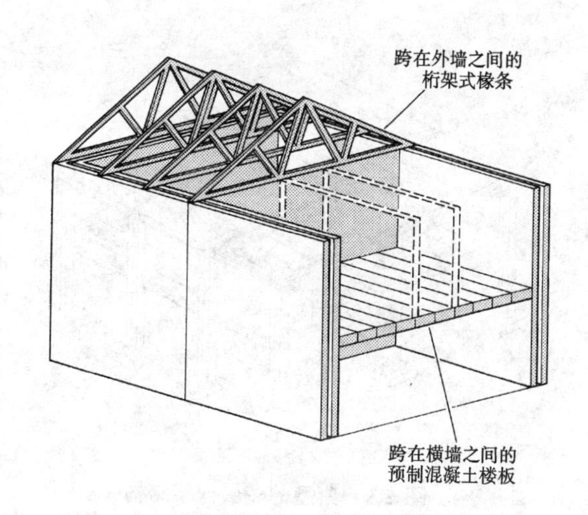

图 5.8　传统承重砌体结构中典型的构件布置

非连续承重墙构造是一种非常基本的结构形式，在这种结构形式中，采用了最基本的具有简单的实心截面的弯曲构件类型（即非活性模式）。它们的效应低是其中一个缺点，另一个缺点是结构要求给设计者自由设计建筑物的形式带来相当严重的约束，主要的约束是必须采用多格内部空间。在多格内部空间中，没有一处是非常大的；在多层建筑物中，各层或多或少地都具有相同的跨度。不过这种结构非常简单，建造成本低。

在需要更加自由地设计建筑物内部空间或需要更大的内部空间的地方，有必要采用某种框架结构类型。这种结构能够完全消除结构墙，得到大的内部空间，以及在多层建筑物的不同楼层中展现丰富多样的空间设计。

框架的主要特点是其本身为一个骨架结构，骨架结构由柱及其所支承的梁组成，并支承着楼板和屋面（图 5.9）。墙通常是非结构的（某些墙可以被用来作为垂直平面支撑），它们完全由梁-柱系统支承。由结构所占据的总体量小于承重墙，单个构件承担更大面积的楼板或屋顶并且承受更多的内力，因此通常必须采用强度大的材料如钢和钢筋混凝土。木骨架是一种强度较弱的材料，如果承担楼板荷载，它们的跨度就很小（最多不超过5m）。单层木结构会有更大的跨度，特别是采用效率高的构件类型如三角形桁架，但最大跨度也总是小于同等大小的钢结构。

框架的最基本类型是被排列成一系列矩形几何形体的相同“平面框架”❶，相互平行布置以形成矩形或正方形网格，所建成的建筑物在平面和截面上都主要是直线形形式（图 5.9）。如果三角形构件被用于结构的水平部位，就会得到上述结构常见的变形体（图 5.10）。图 5.11 ~ 图 5.13 表示用于单层和多层框架的典型梁-柱布置，

❶　简单地说，平面框架是一种在单个平面中具有全部构件的框架。

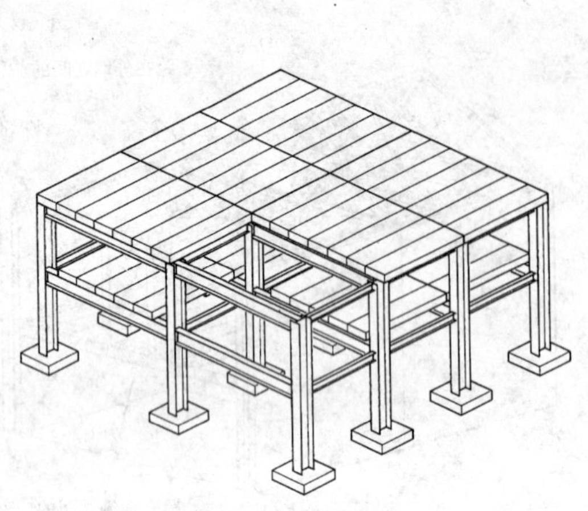

图 5.9 典型的多层框架结构
（钢梁和柱形成的骨架支承钢筋混凝土楼板。墙是非结构的，能够用以满足空间设计的需要）

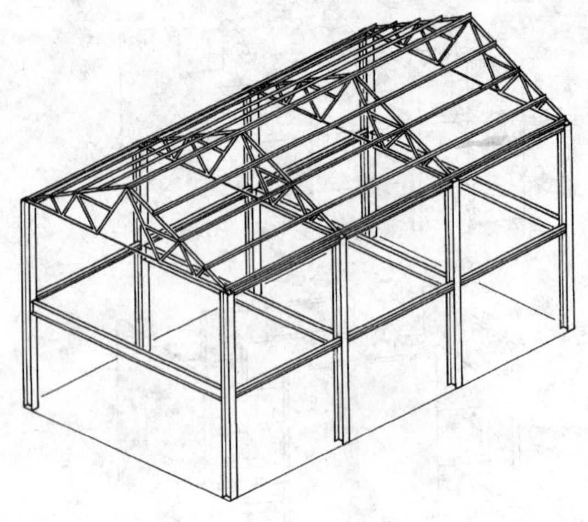

图 5.10 三角形钢框架中
（有效三角形构件承担屋面荷载。楼板荷载被支承在效应较低的带有I形“改进型”截面的实心腹梁上）

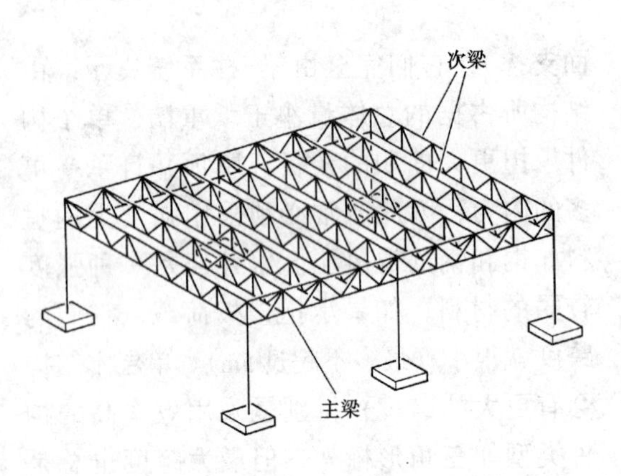

图 5.11 典型的单层钢框架中的主梁和次梁布置
（所有的梁都是“改进型”三角形断面）

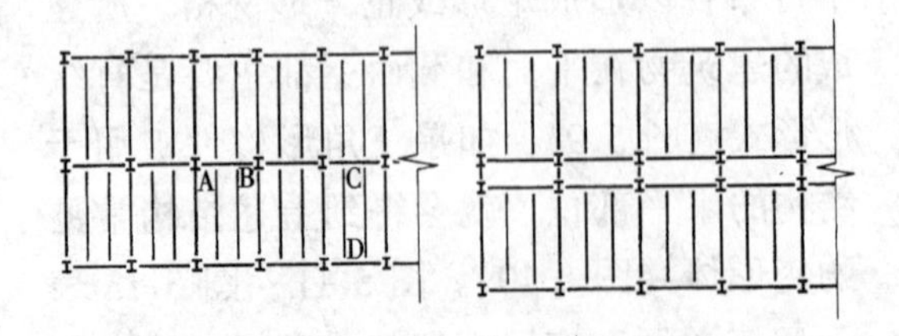

图 5.12 用于多层钢框架的典型楼板布置

注意主梁和次梁系统用于楼板和屋面两种结构，这允许在一种特殊楼板或屋面结构内的不同构件之间达到一种内力的合理均匀分布。例如在图 5.12 中，主梁 AB 比次梁 CD 支承更大的楼板面积，因此承担更多的荷载。然而，因为 AB 跨度较短，所以两个构件中的内力值差不多是一样的❶。

骨架可以是非连续的或连续的结构类型。钢和木框架通常是非连续的，而钢筋混凝土框架通常是连续的。在完全非连续框架中，梁和柱之间的全部连接都是铰接的（图 5.14）。由于构件的彼此分离并阻止弯矩在它们之间的传递会导致基本形体的不稳定，并减少其有效性（图 5.15，也见附录3）。在非连续框架中，稳定性是通过独立的支撑系统提供的，支撑系统采用多种形式（图 2.10 ~ 图 2.13）。为保证稳定性并为所有带有铰接式构件的楼板区域提供足够支撑，通常要求非连续框架具有规则的几何形体（图 5.16）。

如果框架中的连接是刚性连接，连续

❶ 临界内力是弯矩，其大小取决于跨度（见 2.3.3 节）。

图 5.13　“改进型”构件用于钢框架中的所有梁和柱中

[在这种情况下,I形截面梁被用于楼板结构,效应更高的三角形构件被用于屋面中。三角形构件的结构更加复杂,但效应高,这对于承载较轻的屋面来说是合理的(见6.2节)](摄影:帕特·亨特)

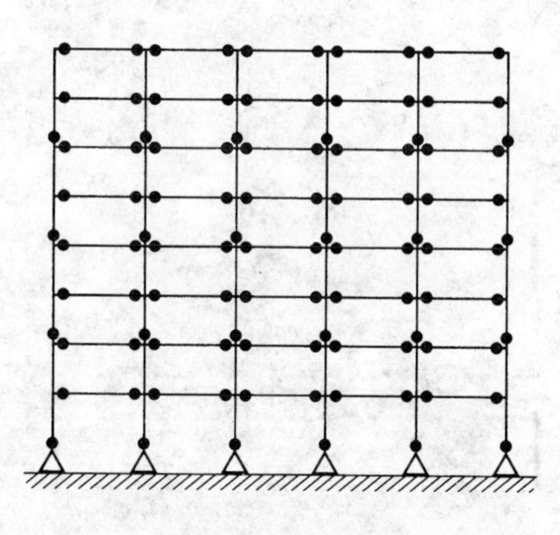

图 5.14　非连续多层框架的典型布置

(所有的梁端连接都是铰接式的,这与在交换层发生的柱的连接一样。这种布置是极不稳定的,要求单独的支撑系统来抵抗水平荷载)

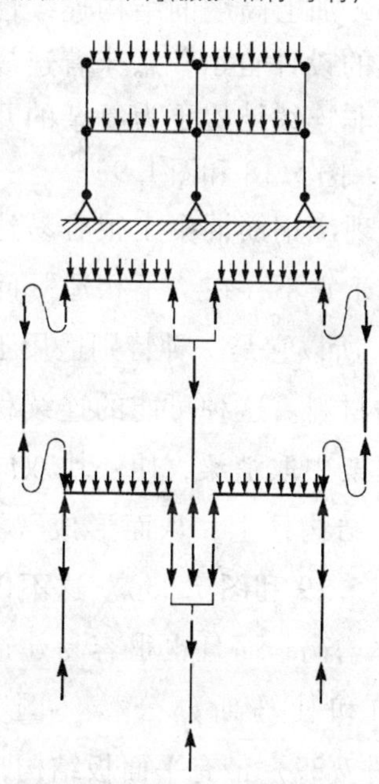

图 5.15　非连续框架内力分析

(在重力荷载作用下,水平构件承担纯弯曲荷载,垂直构件承担轴向压力。构件之间的铰接点不会发生弯矩的组合或分配)

结构通常产生自支撑和超静定结构(见附录3)。因此连续框架一般比相应的非连续

图 5.16 单层钢框架

[尽管有些结构连接是刚性的,但大多数水平构件都有铰接点。规则形布置和水平面(顶部左端)上的三角形联结大梁是非连续框架的典型特征][摄影:梅奥摄影有限公司(Photo - Mayo Ltd.)]

框架更雅致、构件更轻、跨度更长，并且不带垂直面支撑，从而获得更大的内空间。这些优势，加上高度的结构连续性所带来的总体上的设计自由，意味着连续结构可以采用比非连续结构更为复杂的几何形体(图5.17、图5.18和图1.9)。

由于现浇钢筋混凝土很容易达到连续性并且由于它不存在“不相适”问题（见附录3)，所以它是一种特别适用于制造连续框架的材料。这种可能的连续程度甚至允许在框架中取消梁，使一块双向板能直接支撑在结构柱上，从而形成“平面板”结构（图5.19和图7.33)。这不仅使材料的利用率增高，而且也很容易建造。维利斯、弗伯和杜马斯办公楼（图1.6、图5.19和图7.37）带有平面板结构，这座大楼表现了连续结构的众多优势，尤其是结构连续性所允许的自由的几何形体。

图 5.17 弗洛里大厦（Florey Building)

[牛津,英国,1971年;建筑师:詹姆斯·斯特林(James Stirling)。弗洛里大厦有月牙形平面、复杂的截面和釉面砖墙。它说明采用现浇混凝土的连续框架,有可能自由地进行几何形体设计](摄影:P. 麦克唐纳)

图 5.18　米勒别墅（Miller House）
［康涅狄格（Connecticut），美国，1970 年；建筑师：彼得•埃森曼。埃森曼是一个美国建筑师，包括理查德• 迈耶在内（图 1.9），他们均利用了连续框架可能产生的机会。这种类型的几何形体具有交叉网格，形成明显的虚实对比，是唯一有可能用连续结构建造的几何形体］

图 5.19　维利斯、弗伯和杜马斯办公楼
［伊普斯威奇（Ipswich），英国；设计师：福斯特设计事务所；结构工程师：安东尼•亨特事务所。格式楼板是带有“改进型”截面的无梁楼板结构］（摄影：帕特•亨特）

5.3　半活性模式结构

半活性模式结构的几何形体既不是梁-柱形式也不是活性模式形式。因此，这类构件含有各种类型的内力（即轴力、弯矩和剪力）。弯矩当然是最难以有效抵抗的内力，其大小取决于结构形式与荷载活性模式形状的差异程度。然而，弯矩比相同跨度的柱梁结构中发生的那些弯矩要小得多。

半活性模式结构通常因为某种原因被用作为建筑物的支撑系统。它们之所以能

图 5.20　门式框架
［这是一种半活性模式结构。这个例子中的主构件带有“改进型”的I形截面］［摄影：康德（Conder）］

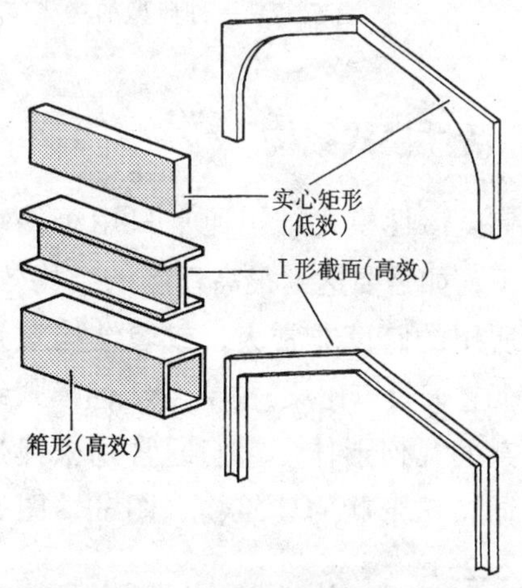

图 5.21　不同截面和不同纵断面形式的门式框架
（半活性模式门式框架的效应受所用的截面和纵断面形状的影响。截面深度的变异和I形或箱形截面的应用是常用的“改进型”形状的特征。这种结构类型用途广，可用于不同的跨度结构中）

够被这样应用，因为一方面它们必须达到比梁—柱结构更大的结构效应；另一方面是因为结构为长跨或外加荷载较轻（见6.2节）。可以采用半活性模式结构的其他情况是，在被支撑的建筑物形状中即不含有非常简单的梁-柱结构，又不含有高效全活性模式结构。

图5.20表明了一个典型的半活性模式框架结构实例,这种结构常用来形成受较轻荷载作用的大跨结构,它能够用钢、钢筋混凝土或木料建成(图5.21)。各种各样的纵断面和截面被用于制造框架构件,从钢筋混凝土和叠层木材的矩形截面实心构件到钢材料的“改进型”构件。与其他的框架类型一样,这种结构能达到的跨度范围也是很大的。在最常用的形式中,这类结构由一系列统一平面格构式框架组成,框架彼此互相平行,构成一个矩形平面(图5.22)。

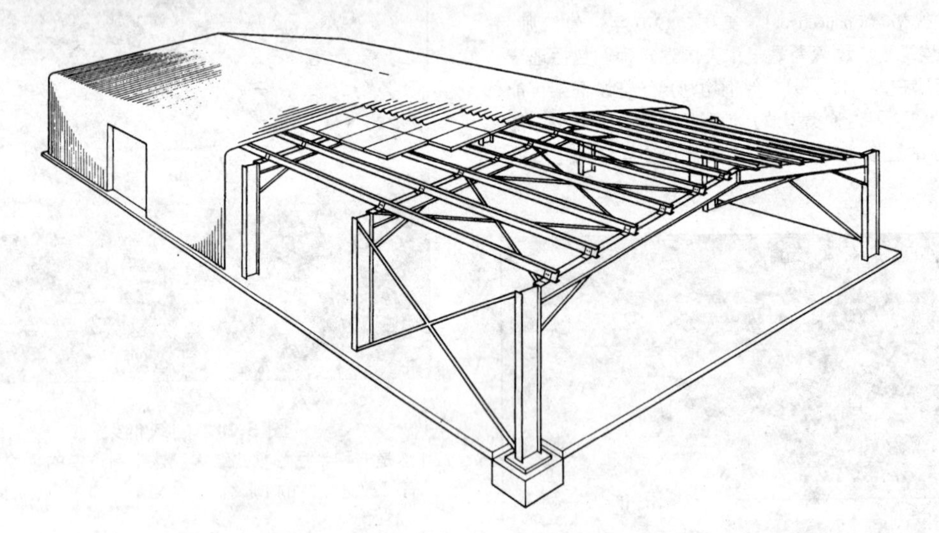

图5.22 一种典型的构成单层建筑物结构的半活性模式门式框架布置

5.4 活性模式结构

完全活性模式结构通常只用于特定的条件下，如需要达到很高程度的结构效应，或者所用的跨度非常大，或者结构重量特别轻。它们具有比梁-柱或半活性模式结构更复杂的几何形体，它们通常用来建造具有不同特殊形状的建筑物（图iii、图5.23～图5.25）。

这类建筑中所包含的结构有受压壳、受拉电缆网络和充气受拉膜结构。在几乎所有情况下，需要一种以上的构件，特别在受拉系统中，它们通常必须有受压构件和受拉构件；活性模式形状经常用于受压构件和受拉构件（图7.18）。在大型建筑外围护结构中，外加荷载主要是分布荷载而不是集中荷载，因此活性模式几何形状是曲状的（见第4章）。尽管对于这种结构来说，有可能根据所提供的支承条件采用不同的形状，但是由活性模式构件组成的双曲几何形体则是被设计师所接受的形式，他们愿意采用这种结构布置形式。

活性模式结构几乎总是超静定结构。尽管这种结构的材料利用率高,但它们在设计和建造时难度大,建造成本也很高,例如,不管受拉外围护结构的最初形状是什么,但当荷载在它们上面作用时,它们总是呈现出活性模式形状,这是由于它们没有任何刚性

图 5.23 贵族板球场上的大看台（Grandstand at Lord’s Cricket Ground）
（伦敦，英国，1987年；建筑师：迈克尔·霍普金斯设计事务所；结构工程师：奥韦·阿茹普事务所。构成这个建筑物屋面的帐篷是活性模式受拉薄膜结构）

（*a*）

（*b*）

图 5.24 巴顿·马沃银光穹隆（Barton Malow Silverdome）
（用悬索钢筋充气膜得到非常大的跨度，这种膜是一种受拉活性薄膜结构）

所造成的，因此，在制造过程中必须特别谨慎，确保膜或网的裁剪正确。如果不这样做，产生出带有非活性模式几何形体的膜，那么它就会在一开始施加荷载时被迫变成活性模式形状，产生令人不注意的折叠和皱纹，并导致应力的集中。在受拉活性模式结构的设计中会产生许多其他方面的技术问题，如膜与它们的支承相连接，膜在遇到动荷载时性能会改变。

在受压活性模式结构中，如果没有为荷

载提供真正的活性模式形状,那么由此导致的后果就是在膜中产生弯曲应力。如果发生这种意外情况,结构就有发生强度破坏的危险。因此在设计过程中,必须确定真正活性模式的精确几何形体,并且必须使结构与它相一致。然而这会产生两个问题:首先,活性模式形状的几何性质是非常复杂的,很难准确地定义,因此也很难在实体结构中被准确建造,特别是由于活性模式形状的表面曲率半径不相等,使得结构分析和建造都很困难;其次,实体结构总是遭受各种不同形式的荷载,这意味着所需要的活性模式形状随荷载的变化而变化。在受拉活性模式结构中,这种现象不是没有办法克服的,因为受拉活性模式结构是柔性体,它们能够轻易地调节自身的几何形体,采取所需要的不同形状。只要荷载的变化不是过于极端,都能够进行必要的调整而不会出现严重皱褶的危险。但是受压形式必须是刚性的,所以受压结构只可能有一种几何形体。当荷载发生变化时,受压活性模式结构会不可避免地产生某些弯曲应力,因此必须为这些结构提供强度,以抵抗弯曲应力,即使只有正应力出现,也必须将结构做得比所要求的更厚。

弯曲应力从来不能够完全从受压活性模式结构中排除,这一事实意味着它们不可避免地比受拉活性模式结构的效率低,同时因为各种复杂情况如不同的曲率半径,采用真正的活性模式形状布置被认为是不太合理的。常常采取一种折中办法,即采用双曲形状,这种形状近似于活性模式形状,但几何形体要简单得多。这些比较可行的形状可通过两种方式使它们变得更为简单:一是采用等曲率半径,如在球形穹顶中;二是将其作为过渡形式,这能够由简单的曲线产生,如抛物线和椭圆。双曲线抛物面和椭圆抛物面(图 5.25)是后一种情况的例子,这些形状在分析和制造方

图 5.25 布林莫尔橡胶厂(Brynmawr Rubber Facotry)

(布林莫尔,英国,1952 年;建筑师:建筑师合作事务所;结构工程师:奥韦·阿茹普工程事务所。这里主要围护构件是受压活性模式、椭圆抛物壳屋顶)[摄影:《建筑评论》(Architectural Review)]

面都比真正的活性模式形状简单。设计者愿意以这种低效应的形状来换得结构相对容易的设计和建造方式。

5.5　结论

在本章中，描述了三种基本的结构布置类型，并且证明了各自的选择方法。每种类型中所存在的不同变化，取决于组成它们的构件的属性。每种结构都应被划入相应的范畴内，设计者的这种能力是评估结构性能和为特殊用途选择正确结构布置的基础。

第 6 章

结构评论

6.1 引言

创造性活动总是让人品头论足，而评论通常是由评论家来完成的。但在结构工程领域，尽管有众多的人工制品不断地被制造出来，但是这个领域则缺少批评的氛围，即使对最普通的建筑物，工程结构也很少受到相应的评论性的关注。因此在结构工程中，没有批评的传统，这与建筑和其他艺术[1]大不相同。

结构设计被描述为一种解决问题的活动、一种迭代过程，在这个过程中，设计师所做的自我评论构成了一个重要部分。这一章所主要考虑的正是这种类型的评论，而不是暗指上面所涉及的新闻记者似的评论。因此，这里不打算详细论述结构评论的主题，只是想简单地了解一下可以评价结构特性的技术因素。

工程关注的问题主要是经济效益——如果用最少的材料和其他资源，结构就能履行其功能，则该工程可以被认为是完美的工程设计。当然，这并不意味着用最少的材料重量所提供的具有承载能力的结构就一定是最有效的[2]、最好的；一些其他的技术因素，包括建造过程的复杂性和结构的后续耐久性都将影响对结构的评价。经常见到的是技术要求相互冲突。例如在第 4 章所看到的，有效的形状总是复杂的，因此很难设计、建造和维护。

这种形状上的有效性和简单性之间均衡的观点就是结构设计的基本方面。最后所采用的几何形体总是这两种特性之间的折中方案。这种折中方案所达到的精美程度是评价好的结构设计的主要标准之一。在建筑领域中，它影响结构的外表和性能之间的关系。这里将讲述决定最好的折中属性的相关因素。

6.2 结构设计中的复杂性和有效性

工程的基本要求是实现它的经济效益，用于一项工程的总体资源用量应尽可能少。应该在高效结构所需要的复杂性（见第 4 章）及简单结构布置所允许的设计、施工和维护之间寻求正确的平衡，这正是判断结构优势的评论家所希望的折中属性。

第 4 章讲述了有效性所依赖的结构性能，有效性主要是根据产生特殊承载能力而提供的材料重量来判断的。它表明结构所需要的材料体积、材料重量主要取决于

---

[1] 这里不涉及结构工程是否是一种艺术的问题。这个问题在以下两本著作中做了详尽的论述：D. P. 比林顿（Billington, D. P.）编著的《塔和桥》(Tower and Bridge)，MIT 出版社，剑桥，马萨诸塞，1983 年；A. 霍尔盖特（Holgate, A.）编著的《结构设计艺术》（The Art in Structural Design)，克拉伦登，牛津，1986 年。也见 W. B. 艾迪斯（Addis, W. B.）《结构工程师的艺术》(The Art of the Structural Engineer)，阿特米斯，伦敦，1994 年。

[2] 正如在第 4 章所论述的，结构效应是根据承担一定荷载所必须提供的材料重量来考虑的。如果结构强度与重量比高，则认为它的效应高。

与结构外荷载模式相关的整体形式以及横向和纵向剖面结构构件的形状。讲述了按照活性模式形状和“简单的”与“改进型”横截面和纵断面的概念所进行的基本分类；这就可能对用特殊结构布置所达到的有效性水平进行判断。活性模式形状如受拉缆索和受压穹顶可被看作是有效性最高的，而非活性模式梁可看作是有效性最低的。

由这种构件分类所表明的结构特性是：有效性越高，结构形式就越复杂[1]。这在一般情况下，或采取较小的措施来提高结构有效性都是如此，如用I形或箱形截面来代替实心矩形截面，或者用三角形几何形体代替实体腹板。

必须采用复杂的几何形体才能达到高的有效性，这种复杂的几何形体影响建造结构时的方便程度，影响所制造的结构组件，影响它今后的耐用性。例如，三角形框架比实腹工字梁不管在建造上还是以后的维护上都更困难。因此，结构设计师必须将这些因素与利用最少材料的愿望相平衡。已经达到的有效性水平应该与结构的各自所处环境相适应。

要准确定义某个结构应达到的有效程度是不可能的，这是因为所涉及的各种因素之间的相互关系是极其复杂的。但要认识影响效率水平的两种主要因素是可能的，即结构必须达到的跨度尺寸和它所承担的内力强度。跨度越长，对有效性的要求就越高；承担的荷载能力越强，有效性的要求就可能越低。这两种影响事实上是同一种现象的两个方面，其目的都是为了保持自重与外荷载的比值处于一个相对稳定的水平。这种观点潜在的意义是为了达到最大的经济效益，结构的复杂程度应该与结构有效性达到一个最合理的平衡。

在承担均布荷载的矩形截面梁非常简单的实例中表明了跨度的增加对有效性的影响（图6.1）。在图中，显示了两根不同跨度的梁，每根都承担相同的荷载强度。较长跨度的梁必须有更大的深度才会有足够的强度。每根梁的自重都与梁的深度成正比，所以这种外加荷载与梁的单位长度自重之间的比例关系（结构有效性）对于较大跨度结构是不适合的。

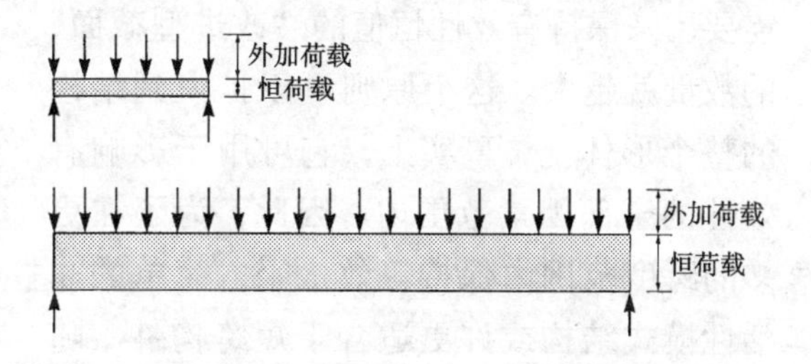

图6.1 梁的跨度对有效性的影响
（梁自重与梁深成正比，梁深随着跨度的增加而增加。因此随着跨度的增加，自重与外加荷载之比对结构越来越不利）

另一种证明这种同等效果的方法是使用穿过一定跨度范围的具有特殊截面的梁构件。梁的强度——抵抗力矩（见附录2.3），是恒值。在小跨度中，由自重产生的最大弯矩不太大，梁或许有一种合理的承担外加荷载的能力。但随着跨度的增大，由自重所产生的弯矩也在增加，梁中较大部分强度将不得不用来承担自重。最后得到一种跨度，使所有的强度都只用来支撑自重。梁的结构效率（它承担由重量所分配的外加荷载的能力）将会随着跨度的增加而下降。

---

[1] 优化结构的概念进一步提供了证据，以证明复杂性是达到高效应水平必不可少的因素。见H. L. 考克斯（Cox，H. L.），《最小重量的结构设计》（The Design of Structures of Least Weight），帕加蒙，伦敦，1965年；K. I. 马利德（Majid，K. I.），《结构的优化设计》（Optimum Design of Structures），牛恩斯-巴特沃斯，伦敦，1974年。

因此，有特殊截面形状的构件效率随着跨度的增加而减小，这在水平跨结构建筑中是很普遍的。为了在某一跨度范围内保持恒定的有效性水平，不得不采用不同的截面形状。如果使荷载与自重的水平(有效性) 保持不变，当跨度增加时，就必须采用更加有效的截面形状。

这里所包含的总的原则是：跨度越大，需要用来保持有效性恒值的“改进型截面”的数量就越大。这个原则可以扩大到结构的整个形体上，事实上，它可用于影响有效性的全部因素范围内。因此，为了在更多的跨度范围内保持等效水平，简单的非活性模式结构或许更适合于短跨构件。随着跨度的不断增加，需要越来越多的具有高效特性的构件来保持等效水平。在中间跨度上需要半活性模式结构，同样在整个可能的跨度范围内需要不断的“改进型”结构。对于最大跨度的构件，必须采用活性模式结构。

结构实效与外加荷载强度之间的关系是影响“经济效益”的另一种重要因素，它也能够很容易地被证明。再次选用具有矩形截面的梁为例，这种梁重量的增加与它的深度成正比，而长度的增加则与深度的平方成正比（见附录 2.3)。因此，如果外加荷载是原来的 2 倍，那么需要承担这种荷载的强度则必须通过深度的增加来增大为原来的 2 倍，而深度的增加略小于 2 倍(事实上是 1.4 倍)。因此，梁重量上的增加也不到 2 倍，那么，承担双倍外加荷载的构件的整体有效性则会更大。于是，对于某种截面的跨度和形状而言，构件的实效随荷载强度的增加而增大，并且必须规定更大的截面。相反，当承担更重的荷载时，如果需要特定的有效性水平，就能够采用不太有效的截面形状来实现（在 4.3 节和附录 2.3 中讨论了截面的实效与形状之间的关系）。

对现有结构的研究表明，多数结构事实上都是根据上述描述的跨度、荷载与有效性之间的关系来进行设计的。尽管总有例外出现，但是通常情况的确表明短跨结构主要用于低效布置，即用横截面和纵断面中的“简单”形状所形成的梁-柱非活性模式布置；当跨度增加时，采用效应较高的结构形式的几率也在增大，具有很长跨度的结构总是用有效形式建造的。这在桥梁建设中是非常明显的，如图 6.2 所示，对于房屋结构也是广为实用的。

荷载强度对于所应用的构件类型的影响在多层框架中可以找到更加明显的证据。在这些水平结构构件上的主要荷载是重力荷载，而在重力荷载中，楼板荷载比屋面荷载要大得多（约为 2 ~ 10 倍）。在多层框架中，人们常常对楼板和屋面结构采用不同的结构布置，即使跨度相同，屋面结构也需要采用具有更大实效的结构形状（图 5.13)。

通过前面的讲述，我们有可能勾画出一套相当广泛的结构分类，在这种分类中，最适应某种用途的结构类型将包括从最简单的很短跨度的柱—梁非活性模式类型，中间跨度的一系列“改进型”非活性模式或半活性模式类型，一直到最大跨度的活性模式结构的各种类型。因为结构设计的潜在要求是产生大约相等的荷载与自重比，所以在跨的长度上，构件类型应该从效率较低向效率较高方向转换，而跨度的精确程度则受到荷载强度的影响：承担的荷载越高，跨度则越长，而结构形体有可能变得更为有效。技术因素决定特定结构布置最适应的精确跨度，这种技术因素是获得经济效益的基本工程要求。

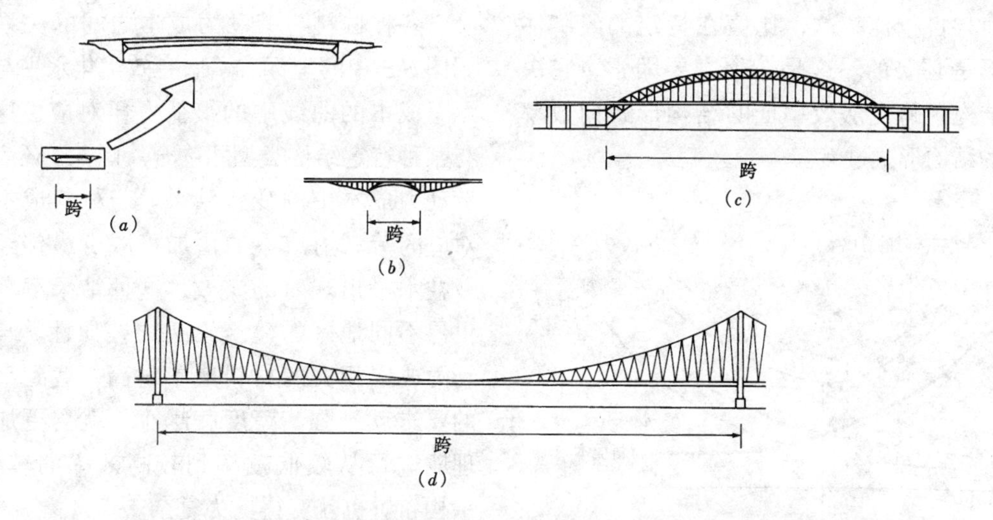

图 6.2 四种桥表明了由于需要更大的实效而导致结构的复杂性随跨度的增大而增大的现象
(*a*) 卢然西桥 (Luzancy Bridge): 跨度 55m, 梁-柱结构; (*b*) 萨尔吉奈托布尔桥 (Salginatobel Bridge): 跨度 90m, 实心截面受压活性模式拱结构; (*c*) 巴永讷桥 (Bayonne Bridge), 跨度 504m, "改进型" 三角形纵向剖面受压活性模式拱结构; (*d*) 塞文河桥 (Severn Bridge), 跨度 990m, 受拉活性模式结构

成本是衡量结构是否在复杂性(因此也是有效性)和简单性之间达到平衡的一种标志。尽管费用成本不是严格的结构性能的技术指标,但它也的确表示了在结构实现的过程中所参与的各种资源的利用能力。因此成本是衡量已经达到的经济效益水平的一种指标,它在确定特殊情况下有效性与复杂性是否达到适当平衡方面常常是至关重要的。

当然成本也是一种人为标准,它受到许多人为因素的影响,当人们重视某件事物时,投入的成本就多,反之亦然。这些都可能与材料和能源的丰富程度相关,与减少工业污染水平的需要相关。在 20 世纪现代世界的经济领域中,成本与这些现状没有太大的联系,致使建筑评论家往往不把它作为一种衡量建筑物价值的尺度来考虑,但是在 21 世纪,它有可能在评估一种结构的适宜性方面成为一个重要因素。

与设计的其他方面一样,影响成本的因素是错综复杂的。例如,在考虑与结构设计有关的成本时,设计师考虑的不仅仅是结构本身的成本,也考虑选择特殊结构类型对于其他建筑成本的影响。例如,如果有可能通过轻微地增加各层楼板厚度而降低多层结构的成本,这种节省或许会通过增加围护材料或其他建筑部件成本来抵消。如果选择了一种结构类型,尽管这种类型比其他类型成本高,但它能使建筑物更快地被建立起来(例如钢框架而不是钢筋混凝土框架),这样结构成本上的增加可以通过使建筑物更快竣工的方法来抵消。因此,除了考虑只与结构相关的成本问题以外,还必须考虑与结构设计相应的其他方面的问题。当结构自身的成本可能在总的建筑成本中占有很小一部分比例时,这些因素则是特别重要的。尽管有某些限制,但是对纯结构成本的问题进行全方位的考虑也是有可能的。

成本,特别是在结构建造过程中的劳动力成本预算和材料成本预算之间的关系,强烈影响着在特定的经济体制下的正确承载值与自重比，这个比值在特定的经济体制下是必要的。这是一个主要因素，它决定结构的跨度从效率低的结构形式向效率高的结构形式过渡。

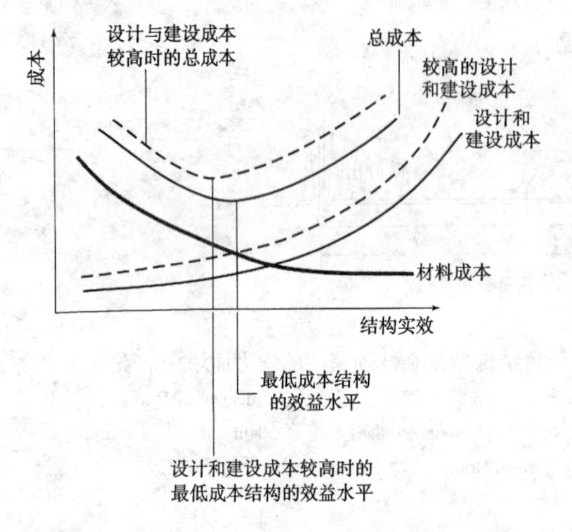

图 6.3 具有特定跨度和荷载条件的结构实效和结构成本之间的关系

（材料的性能以及成本随着更为有效的结构类型的使用而被减少。但是结构类型具有更复杂的形式，因此建设和设计成本都随结构实效的增加而增加。表示总成本的曲线。有一个最低点，给出了那一特定结构所节省的最大成本的实效水平。与材料成本相比，如果劳动力成本增加，则总成本曲线中的最低点位置被移到左边，表示较低实效的结构形式的成本最低）

可以通过考虑某种特殊结构中材料与劳动力成本之间的关系来加以论证。例如，具有中等跨度的单层建筑物问题，以雷诺中心大楼为例（图 3.19）。可以假设钢框架是一个外围护支撑结构的正确形式，但是对于结构设计师来说，可选择的结构类型范围是相当大的。简单的具有平行边梁的梁-柱形式往往是结构实效最低的选择。带有三角形构件的半活性模式门式框架的实效往往比较高。缆索支撑结构或帐篷往往在材料的利用效率上最高。效率越高，复杂性就越大，因此设计和建设成本也就越大。

各种材料与劳动力成本之间的关系可用图 6.3 中的坐标表示。有效优化水平与表示总成本的曲线中的最低点相对应，这将与某种特定结构类型相吻合。图 6.3 还表示劳动力成本中的变化结果。与材料成本相对应的劳动力成本的增加将减少最佳经济效益水平出现时的实效，这种结果解释了世界不同地区的建筑模式的差异性。与劳动力成本相关的材料成本越高，达到高效的要求就越强，跨度就越小，就会更加合理地进行从较低效率到较高效率的转换，结构布置也就变得更为复杂。

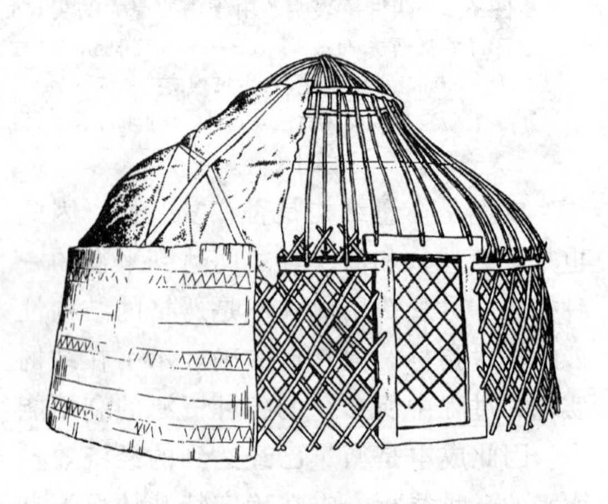

图 6.4 圆顶帐篷

（它是亚洲游牧民族的传统房屋，由支撑非结构羊毛毡的自支撑半活性模式木结构杆件极其复杂地布置而成。它重量轻，具有圆屋顶，表层面积最小而室内体积最大，是理想的贮热和抗风建筑。当从纯技术标准来判断时，这种建筑类型可以与20世纪后期的所谓的技术社会建造的那些建筑类型相媲美）

可以在部落社会中找到这种极端的实例。在部落社会，经济条件使人们在比较小的跨度结构中采用非常复杂的结构形式。有许多可以被引用的实例，如贝都因人（Bedouin）的帐篷、拱形圆顶小冰屋（图 1.2）和圆顶帐篷（图 6.4），所有这些都是活性模式结构。建造和维护复杂结构的充裕的劳动力和就地取材的方便条件使人们能够用短跨度构件建造各种各样的结构类型，而且所有结构类型的实效都很高。

在发达世界的工业社会中，劳动力比材料昂贵，这便于采用结构实效低但容易建造的形式。在发达世界发现的大部分结构都是低效的梁-柱类型，这是一种将工业化世界的材料恣意挥霍的典型实例。

对于特定的跨度和荷载要求，以及在特定的经济氛围内，适宜的结构类型种类是有限的。这些类型包括最短跨度的最简单的柱梁非活性模式类型到用于最大跨度的活性模式壳体和索状结构。大部分建筑物都与这种模式相吻合，但也有例外。有些建筑物可能是考虑不周的设计，其他一些可能是由于特殊环境的需要。

例如，如果特别需要轻质材料，这往往会考虑合理利用一种更为有效的结构形式，而不是选择跨度适宜的形式。或许最典型的例子是箱形背包式帐篷，它是一个采用受拉活性模式结构（最复杂、实效最高的结构类型）的典型的短跨建筑物。在这种情况下，对最小重量的要求当然是非常合理的。其他一些实例包括临时的或者必须被运输的建筑物，如设计来存放旅行展览品的建筑物（图 7.24）或旅行剧院的建筑物。

采用在其他情况下被认为是跨度或荷载不适宜的结构的另一个原因是建筑物必须要快速建成。在建造速度是第一重要的情况下，轻质钢框架可能是一种明智的选择，即使其他因素如短跨等可能是不合理的。利用轻质钢构筑短跨建筑物如房屋的框架是这方面的一个例子，例如霍普金斯别墅（图 6.5）。

图 6.5　霍普金斯别墅

[伦敦，英国，1977 年；建筑师：迈克尔·霍普金斯；结构工程师：安东尼·亨特工程事务所。这里所用的短跨通常不考虑用复杂的三角形构件作为水平结构。建造中的便利条件和速度是它们被选择的主要技术原因。然而，它们所产生的令人激动的外观则是它们被采用的主要原因]（摄影：安东尼·亨特）

有时，当结构是建筑物的美学内容的一部分时，结构类型的选择往往是从它的视觉特征而不是单纯的技术角度考虑的。在所谓的“高技派”建筑中看到的许多结构都属于这一类。总是可以看到这样的建筑实例，客户愿意付出巨额资金，不顾材料和劳动力成本而消耗过量的资源，就是为了得到一个壮观的结构，而不在乎在技术方面是否合理。

有一种技术问题目前还没有被考虑，但它却是构成对结构进行详细评估的不可缺少的部分，这就是结构的耐用性。必须考虑单个结构材料的耐用性和材料综合利用的耐用性。在某些情况下，结构将受特定的恶劣环境的影响，耐用性问题在设计阶段就应予以优先考虑，因为它既影响对材料的选择又影响结构形式的选择。更常见的做法是，选择是按照其他标准进行的，如跨度和荷载，需要回答的问题是材料是否合理地被利用。例如，钢在非保护状态下是一种抗腐蚀能力最差的材料，. 如果选择钢作为结构材料，就应考虑耐用性问题。应尽量减少在建筑物的外部易暴露部分使用钢，特别是在高湿气候中。

结构应该在它的整个使用寿命期间履行在设计时对它所要求的功能，而不是要求进行大量的不合理的维修。这样就提出了一个问题，什么是合理的结构设计？这个问题又把我们带回到了经济效益和相对成本的问题上了。就耐用性而论，必须在初始成本和以后的维修成本之间建立一种平衡。对这一问题没有一个确定的答案，但是对耐用性方面的评估肯定是结构优势评估的一个重要内容。

6.3 将建筑物理解为结构体

结构评论应该是对建筑进行权威评价鉴定的一个方面，这一思想要求评论者能够将建筑物理解为一种结构体，第 4 章所提出的分类系统为这一思想奠定了基础，该系统将结构实效建立在构件分类基础上。正如在 6.2 节中所讨论的一样，一种优质结构不是因为它已经达到了最高的结构实效水平，而是因为达到了适宜的结构实效水平，后者的判断只能从涉及影响结构实效的因素方面进行。现在考虑几个实例来证明如何应用这个系统进行结构评论。

福斯铁路桥❶（Forth Railway Bridge，图 6.6）是一个突出的、开创性的，基本上属于“纯”工程结构的实例。尽管大桥的总体布局可能是相当复杂的，但是，如果按照“活性模式”和“改进型”概念来设想，它可以被看作是相当简单的结构。这个结构的主要构件是成对的平衡悬臂。采取这种布置，其目的是能够在没有临时支撑的条件下建造这座桥。这个结构在整个建设过程中都是自支撑的。悬臂梁通过短的悬跨结构相连接，这是一种巧妙的布置，它允许在非连续结构中发挥结构连续性的优势❷。

因此，这类布置是非活性模式的和潜在的低效结构布置。就所用的跨度来说，进行了大量的合理论证以得到一种可接受的实效水平。采用了几种形式，主要结构的断面与由主要荷载条件（穿过整个结构的均匀分布重力荷载）产生的弯矩图相吻合，这种断面的内部几何形体全部是三角形的。铁路

---

❶ 见安格斯 · J. 麦克唐纳和 I. 博伊德 · 怀特（Boyd Whyte，I.）的《福斯桥》（The Forth Bridge），阿克塞尔 · 门格斯，斯图加特，1997 年。本书详细描述了这座大桥的结构并论证了它的重要文化意义。

❷ 见 5.1 节和附录 3，关于连续结构和非连续结构术语的解释。

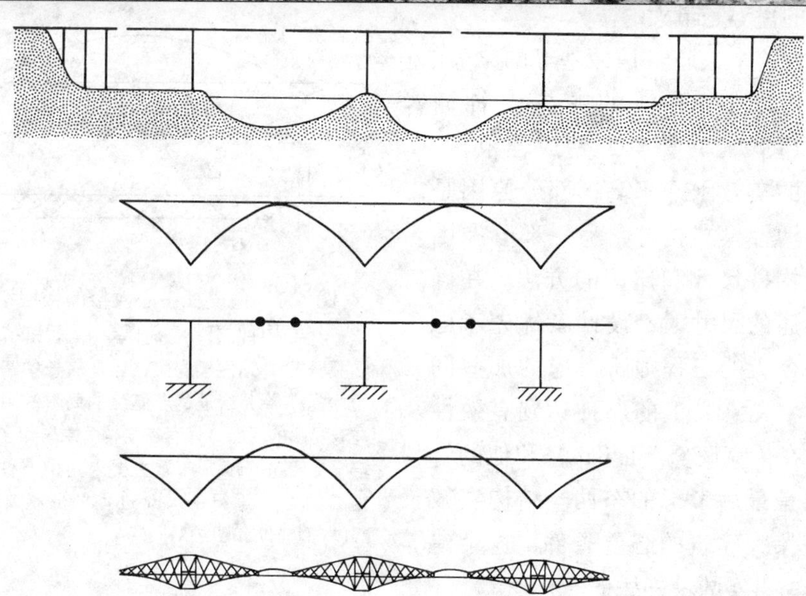

图 6.6　福斯铁路桥的基本结构布置

[福斯湾，英国。这个结构是一个柱梁框架，但是与雷诺总部大厦一样（图 3.19 和图 6.8），它在不同层次上都进行了“改进”。由于结构的跨度大，所以在这座建筑中，采用复杂的结构是合理的]（摄影：A. & P. 麦克唐纳）

轨道被布置在一个内高架桥上，这个高架桥本身就是通过只在三角形结点处与主结构相连接的这种“改进型”的非活性模式结构。因此，作为结构的主要次构件或承担直接拉力或承担直接压力。单个的次构件带有“改进型”截面。例如，主要受压次构件是空心管，多数都带有圆形截面，这是抵抗轴向压力的最有效形状。因此，福斯铁路桥的结构有一种基本结构形式，这个形式有可能是相当低效的，但它却是在很多方面都加以“改进”了的结构形式。

在建筑领域中最普遍的结构布置是梁-柱形式，在这种布置形式中，水平构件被支撑在垂直柱或墙上。在大多数这类基本形式中，水平构件是非活性模式的，受重力荷载的作用；垂直构件是轴向承载，因此可以被看作为活性模式构件。在人类历史进程中，人们采用了无数种这类布置，而最大的变化则是表现在非活性模式水平构件方面，而其中横截面和纵断面为“改进型构件”的优势是最大的。

在希腊古迹中，庙宇是最基本的梁-柱布置形式了，其中雅典的帕提农神庙(Parthenon)（图 7.1）算得上是最佳范例。这里所达到的实效水平不高，部分原因是由于存在非活性模式构件，另一部分原因是用来确定构件尺寸和比例的方法。在确定帕提农神庙的尺寸时，设计者优先考虑的问题不是今天的工程师所考虑的那些问题，在实利主义意义上的那种达到有效性的思想或许在伊克底努（Ictinus）和他的合作者脑海中是最后考虑的东西。结构实效的实现不是伟大建筑的必要条件，这个建筑或许是这一事实的最好凭证。

相比之下，在20世纪材料的利用率受到了极大的关注，部分原因是人们想节省材料以便减少成本，但同时也是由于普遍盛兴“合理的(rational)”设计的现代主义思想的结果。但是，低效的非活性模式梁-柱形式的整体几何形体则因其方便性，致使它继续成为建筑结构中最广泛使用的类型。在现代社会，至少在建造水平构件时会有一些“改进”，这是很正常的。在钢框架中情况尤其如此，梁和柱总是带有“改进型”I 形截面，广泛利用内三角形排列技术。

在法国巴黎的蓬皮杜中心大楼中（图 6.7 和图 1.10），结构的基本布置是这样的，即所有的水平构件都是直的非活性模式梁，因此这种布置有可能是非常低效的。但是，主梁的三角形布置和悬臂连续梁（图 3.17）的横截面和纵断面中的“改进型”形状的使用弥补了这种形式所潜在的低效性，所达到的整体有效性水平可以被判断为是适中的。

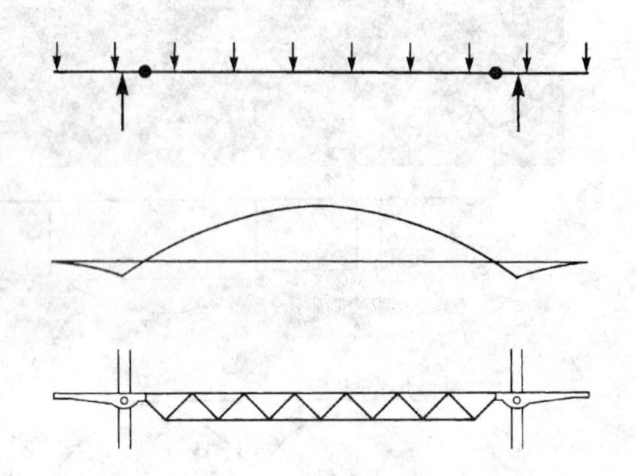

图 6.7 蓬皮杜中心大楼的楼层结构中主要构件之一的荷载、弯矩和结构图

［这是一个非活性模式梁，但是较长的跨度证明加入“改进型”梁是合理的。高度的局限性阻止了纵断面与弯矩图的匹配，只有在结构两端采用了悬臂“葛尔培梁支架”。三角形布置主要采用了一种由主要构件组成的唯一可行的“改进型”形状（图 1.10、图 3.17、图 7.7 和图 7.8)］

在英国斯温登雷诺大厦的框架（图 3.19）可以被看作是梁-柱框架，因为结构的基本形式是直线性的（图 6.8）。然而，梁柱连接是刚性的，结构具有了连续性，致使水平和垂直构件都在重力荷载作用下受轴向和弯曲内力的综合影响，因此垂直构件可以看成是半活性模式的。结构的基

本形状明显不同于活性模式形状❶，所以弯矩值高，结构为此有可能相当低效。但是，水平构件的纵断面已经在很多方面做了“改进”，纵断面的全深都按照弯矩图的方式变化，断面本身被再分为杆构件和I形截面构件的组合，这些构件的相对位置被调正，使杆构件在组合截面中构成受拉构件，而I形截面形成受压构件❷。杆的圆形截面是一种承担受拉荷载的正确形状，而受压部件的I形截面是根据受压不稳定性所形成的弯曲现象而做出的适宜选择。其腹板上所做的圆孔切割（图3.19）是另一种“改进型”形式。截面的类似切割发生在垂直构件中，但是在这些垂直构件中，受压组件是圆形中空截面而不是I形截面。这样做也是明智的，因为这些组件比它们在水平构件中的组件遭受更大的压力，圆形是一种理想的抗压截面形状。这种基本形式是

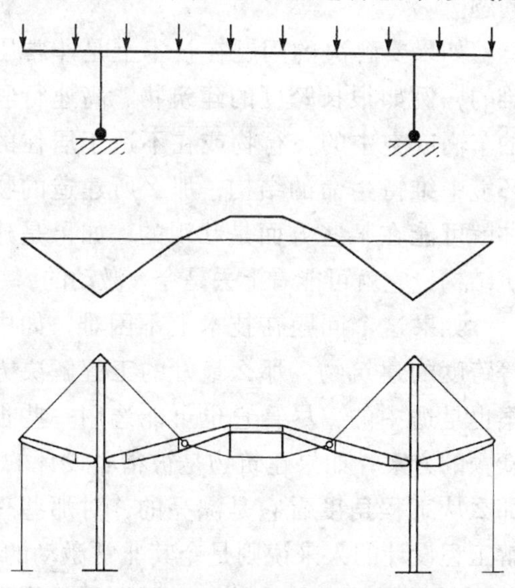

图6.8 英国斯温登的雷诺总部大厦的荷载、弯矩和结构图

[这种结构的基本形式是梁柱非活性模式框架。已在几个面上采用“改进型形状”：结构的整个纵断面已经被做成与重力荷载的弯矩图相吻合，结构在内部为三角形布置，通过在腹板上切割出I形截面和圆形孔的方式进一步“改进”次构件（图3.19）]

一种半活性模式直线框架，它的选择有可能只是部分有效的，但是正如在蓬皮杜中心大楼中的情况一样，必须采取大量的措施来完善这一点。在这种情况下，是否已经达到了适宜的整体有效水平，这一问题将在7.2.2节中加以讨论。

构件截面的“改进型形状”在钢筋混凝土结构的建筑物中不太常见，因为混凝土既比钢轻又比钢便宜，因此没有必要达到甚至是适度的钢框架结构的有效性水平。但是格式板被用在了维利斯、弗伯和杜马斯办公楼中（图1.6和图5.19），这是由梁-柱布置的钢筋混凝土“改进型”非活性模式构件的实例。如果跨度大于6m，就要在这种“改进型”类型中增加大量的钢筋混凝土结构。

这几种结构分类的实例用来证明在4.4节所描述的这种系统的实用性，将其作为对结构所达到的有效性水平的评价方法。然而，判断结构设计在具体应用中的正确性时，决不可能认为最有效的结构一定是最好的结构。即使在“纯”工程结构的情况下，如桥梁结构，也不得不考虑其他诸多因素，如建造过程的复杂程度或长久耐用性的意义。在许多情况下，带有矩形截面的简支梁成为解决结构支撑问题的最佳技术方案，即使这种矩形截面是效率最低的结构形式。在进行有关结构的技术判断时，需要解决的问题不是是否已经达到了最大可能的有效性水平，而是是否已经达到了适宜的有效性水平。

---

❶ 在主结构上的荷载模式是一系列间距紧密的集中荷载。用于这种模式的活性模式形状类似于一条悬链。

❷ 杆构件有时位于I形截面上部，有时则位于下部，取决于弯矩大小，即取决于位于组合截面上部或下部拉力的大小。

6.4 结论

任何一种能够判断结构价值的标准肯定都是有争议的。然而，多数人都会同意这种观点，即工程设计的主要目的是提供一种能够发挥最大经济效益的物体。这可以用一句古老的工程格言来概括，即“工程师是一个其他人需花3英镑而他却只花1英镑做事情的人”。

对于是否已经达到合理的经济效益水平的评估包括对一种制品设计的诸多不同方面的检查。一个令人满意的标准是在材料用量、设计与建造过程的复杂性、制品今后的耐久性和可靠度之间达到了一种合理的平衡。在结构工程范围内，经济效益的满足不仅仅是一个最大限度地减少结构材料用量的问题，最主要的是充分利用所有参与其生产过程的材料、劳动力和资源的问题。因为这些因素是相互联系、错综复杂的，所以对结构的整体判断不是件很容易的事情。

评价经济效益高低的其中一个方面是成本，因为结构在资金方面的投入与结构的总资源用量有关。当然，成本几乎完全是一个人为的标准，取决于目前的劳动力、能源和材料的市场价格。它不仅总是与特定的经济文化有关，而且也与一个社会所能控制的资源有关，包括人类资源和环境资源，所有这一切因素都在随时发生变化。

人们可能会认为，从纯工程角度出发，用最便宜的结构来解决外围护结构支撑问题是最佳方案。在多数文化社会中，大量“普通”的建筑物事实上都是根据最大限度地降低成本的原则建造的。因此，判断一个结构是否为好的工程主要是通过将它与当代实践的主流相比较而言的。如果它在总体方面与大多数可比结构相同，它就可以被看作是一个理想的工程。

按照这个标准，在整个工业化世界里用来建造超市和仓库而普遍采用的门式框架棚常被看作是好的工程设计，但在20世纪80年代的建筑杂志上刊登的所谓“高技派”超级货棚并不是好的工程设计，最多可看作是一种高档玩具。必须记住，这里正在讨论的问题是工程学问题，而不是建筑学问题，尽管在满足持续性要求的建筑形式的需要方面，这些课程之间的关系在未来可能会变得更为密切。如果在有关建筑方略的这两门课程之间有更多的联系，这可能对视觉环境和工程环境都有益处。

必须永远记住，工程学不是关于图像制作的问题。它是提供有用的人工制品的问题。

如果要解决的问题在技术上是非常困难的，例如很长跨度的建筑物、高速行驶的车辆或空中的飞行物或在不适于居住的环境中维持生命的结构，那么所建造的物体就可能在某些方面是壮观的，如果是建筑结构，它就可能看上去是令人激动的。

如果这个问题在技术上不困难，如中等跨度的建筑物，那么最好的工程解决方案也是适中的，尽管它也可能选用一些很新颖的方案；如果建筑物是被精心设计的，那么从工程角度看它是漂亮的，对那些理解工程设计的人来说则是令其非常激动的。20世纪的现代主义建筑师应用不同的标准来评价结构，他们相信技术带来的“激动”所产生的“吸引力”也是全部建筑学表达的不可缺少的部分。

第 7 章

结构与建筑形式

7.1 引言

本章讨论两个相关的但却是截然不同的问题。这两个问题是结构与建筑形式的关系以及结构工程师与建筑师之间的关系。这两种关系可以有多种形式，各种形式在任何时候都使结构对建筑形式产生重要的影响，同时也对建筑史做出了有趣的间接解释。

结构与建筑形式在诸多方面互相联系，从建筑形式完全由结构决定到在确定建筑物的形式和它的美学价值时对结构需要的完全忽略。这里把结构对建筑形式的影响归纳为下列六种关系进行分类讨论：

（1）经过装饰的结构（Ornamentation of structure）。

（2）结构作为装饰物（Structure as ornament）。

（3）结构作为建筑（Structure as architecture）。

（4）结构产生建筑形式（Structure as form generator）。

（5）结构被接受（Structure accepted）。

（6）结构被忽略（Structure ignored）。

如同结构与建筑形式之间的关系一样，建筑师与结构工程师之间的关系也可以有很多形式，可以从一个极端走到另一个极端。一方面，建筑物的形式完全由建筑师决定，结构工程师只负责将建筑物建造起来；另一方面，结构工程师充当建筑师，决定建筑物的形式和所有涉及建筑其他方面的设计。这两个极端的中间形式是建筑师和工程师精诚合作，共同决定建筑物的形式并完成建筑物的设计。正如将看到的一样，两者的关系为何种类型将对相关的建筑特性产生重大的影响。

7.2 结构与建筑形式之间的关系类型

7.2.1 经过装饰的结构

在西方建筑史中有很多时期，建筑完全由所偏爱的结构系统的形式逻辑所影响（基本是决定），那个时代有其独特的建筑风格和建筑整体形态。在这种方式占统治的时期，被采取的建筑形态是由建筑物的结构骨架产生的，经过装饰的结构就是指的这个范畴。在这个范畴内，建筑很少因为视觉原因采取更多的措施，只是对结构稍微做了一些可视性调整，即装饰一下来体现建筑形式。

或许在由结构决定造型的西方传统建筑中最引人注目的是雅典的帕提农神庙（图 7.1）。帕提农神庙的建筑是构造型的：结构要求决定建筑形式。尽管建筑物的目的不是表现结构技术，但它的形式逻辑被赞扬为视觉表达的一部分。多立克柱（the Docric Order）达到了这个建筑物的最高精制程度，它是一套体现梁-柱结构布置的装饰系统。

当然，与其说有更多的古希腊神庙建筑，不如说有更多的建筑体系的装饰。这

图 7.1　帕提农神庙

（雅典，公元前 5 世纪。结构与建筑形式的完美结合）

些建筑物的原始模型和关于装饰的词汇和语法都通过后来的评论者[1]赋予它们丰富的象征意义。然而，古希腊神庙的建设者并没有企图掩饰结构，而是采用一种合理而简单的、从现有材料中制造出来的形式。在这些建筑物中，结构与建筑形式达到了一种完美的和谐。

中古哥特时期的主要建筑物（图 3.1）的情况也是如此，这些建筑物也是验证结构与所谓“经过装饰的结构”体现建筑形式之间关系的典型实例。像古希腊神庙一样，大多数哥特式建筑物几乎完全是由砖石材料制成的，但与古希腊神庙不同的是，它们有宽阔的内部空间，含有大跨度的水平屋顶。这些只能通过使用抗压活性模式穹顶才能用砖石材料建造。屋内也是很高的，这意味着拱顶天花板对高侧墙顶上施加水平推力，使它们不但承受轴向内力而且承受弯矩。因此，这些哥特式结构墙是半活性模式构件（见 4.2 节），承担轴向内力和弯曲内力的组合作用。具有扶壁、飞扶壁和叶尖饰的古老的哥特式布置是带有“改进型”截面和断面的半活性模式结构典型实例。几乎一切可见的东西都是结构的，这在技术上是完全合理的。为了看上去优美，所有的构件都做了调整：柱的“卷绳”状雕饰、柱头的设置、墙中束带层的设置以及几种其他类型的装饰物都不是结构所需要的。

经过装饰的结构技巧在古希腊建筑中得以成功应用，但在意大利文艺复兴时期

---

[1] 例如，V. 斯卡里（Scully, V.），《地球、庙宇与上帝》（The Earth, the Temple and the Gods），耶鲁大学，纽黑文，1979 年。

却几乎从西方建筑中消失了。这有几方面的原因（见7.3节），其中一个原因是建筑物的结构内部框架越来越被与结构功能无关的装饰形式所掩盖。例如，帕拉第奥的瓦尔马拉纳宅邸（Palladio's PalazzoValmarana，图7.2）和许多那个时期的建筑物的柱墩和半露柱都没有布置在从结构角度看是特别重要的位置上。它们由部分承重墙组成，在这些承重墙中，所有部位都具有相同的承载作用。这类装饰物与结构功能的脱节导致了结构内容和美学内容的分离，这深刻影响了对建筑师与那些负责建筑物设计的技术人员之间关系类型的形成（见7.3节）。

直到20世纪，当建筑大师们再一次对构造学（即建筑是由将它建立起来的基本部件中产生出来的）感兴趣时，当他们再次对钢和钢筋混凝土感兴趣时，裸露结构的装饰作用重新出现在西方建筑的主流中。它首先试验性地出现在早期的现代主义建筑师如奥古斯特·贝亥（Auguste Perret）和彼得·贝伦斯（Peter Behrens）（图7.3）的杰作中，也可在路德维希·密斯·凡德罗（Ludwig Mies van der Rohe）的建筑艺术中看见。例如，范斯沃斯住宅（Farnsworth House）是裸露的，构成了一种重要的视觉因素。它也因视觉原因做了轻微的调整，在那种意义上说，它是一个经过装饰的结构范例。其他更为近期的这类可视性调整的范例出现在英国“高技派”作品中。例如由Team 4和托尼·亨特设计的信托控股公司大楼（Reliance Control Building，斯温登，英国）（图7.4），它的裸露钢结构很明显是对建筑物进度要求所产生的问题的解答，足以经得起技术上的评判❶。但它是一个经过装饰的结构实例，而不是一个纯工程的结构，因为它被做了轻微的调整改进，细檩条的H形截面通用柱（Universal Column）❷在作为弯曲构件时就比I形截面通用梁（Universal Beam）在有效性方面低。它之所以被选择是因为人们认为在这座严格直线型建筑物中，通用梁的楔形翼缘看上去不像通用柱的平行边翼缘那样令人满意。

图7.2　瓦尔马拉纳宅邸

［维琴察(Vicenza)；建筑师：安德烈亚·帕拉第奥(Andrea Palladio)。立面上的柱墩具有结构功能，但在这里构成了一座结构墙的外层。然而，这座建筑的建筑兴趣并不在于它的结构构造］

伦敦滑铁卢车站的国际铁路中转站的火车棚（图7.17）是另一个例子。钢结构的整体布置组成了这座建筑物的主要建筑

❶ 见安格斯·J. 麦克唐纳，《安东尼·亨特》（Anthony Hunt），托马斯，伦敦，2000年。

❷ 通用柱和通用梁是用于由英国钢铁工业生产的热轧钢构件截面的标准翼缘的名称。

图7.3 柏林 AEG 透平机房（AEG Turbine Hall）

［柏林，1908 年；建筑师：彼得·贝伦斯。玻璃和结构在这座建筑物的边墙上交替使用，钢结构的韵律构成了视觉词语的重要部分。与许多现代运动后期的建筑物的情况不同，这种结构被“真诚地”应用了；它并非为了纯视觉效果而做了重大修饰。除了柱基的铰外，它被保护在建筑物外部的不透风雨层内］（摄影：A. 麦克唐纳）

构件，它是从技术角度考虑的。然而，设计的视觉效应受到了严格的控制，这项设计是建筑师和结构工程师两队人马密切配合的结晶，这里包括尼古拉斯·格雷姆肖（Nicholas Grimshaw）事务所和安东尼·亨特工程事务所，致使这座建筑无论在技术水平上还是在美学价值上都是无可挑剔的。

这两个例子用来证明在整个西方建筑史中，从希腊古神庙到 20 世纪末的结构如滑铁卢车站铁路中转站，人们已经创造了由裸露的结构中所产生的建筑艺术。这些建筑物的设计师非常重视结构技术的要求，而且在建筑物的基本造型中反映了这一点。因此，建筑形式在很大程度上受到结构技术含量的影响。与此同时，建筑师不允许技术上的因素抑制他们的想象力，这样就产生出了或按技术标准或按非技术标准判断性能良好的建筑物。

7.2.2 结构作为装饰物

“工程师的审美能力和建筑艺术——两者同步行走并相互依存。”[1]

结构与建筑形式的关系在这里被列为“结构作为装饰物”，这种关系包括按照主要的视觉标准对结构构件的应用，这是 20 世纪建筑艺术一种主要特征。正如在经过装饰的结构的范畴一样，这种结构也在视觉程度上给予了特别的重视，但与经过装饰的结构不同，设计过程是由视觉因素而不是由技术因素所驱动的。因此，这些结构的性能在按技术标准判断时往往是不太理想的。这是区分结构作为装饰物和经过装饰的结构之间的主要标志。

结构作为装饰物可以从三个范畴上进

---

[1] 勒·柯布西耶，《走向新建筑》（Towards a New Architecture），建筑出版社，伦敦，1927 年。

图 7.4　信托控股公司大楼

（斯温登，英国，1966年；建筑师：Team 4；结构工程师：托尼•亨特工程事务所。信托控股公司大楼的裸露结构构成了视觉词语的重要部分。它被轻微地做了修改，以改进它的外表）（摄影：安东尼•亨特工程事务所）

行区分。首先，结构是从象征意义上被应用的。在这一方面，主要从宇航工业和科学幻想小说中借用来的与结构实效有关的措辞（见第4章）被用来作为一种视觉词语，目的在于传达进步思想和由技术所决定的未来思想。与技术相连的概念被自由地用来产生赞美技术的建筑艺术，但是情况往往是不尽如人意的，所建造的结构在技术意义上也是不理想的。

其次，可以设计明显的裸露结构用于与人造环境相适应。在这类建筑物中，裸露结构的形式从技术角度上讲是合理的，但是它只能够被看作是由建筑物的设计者所提出的一种多余的技术问题的解决方案。

结构作为装饰物的第三个范畴是采用某种表达结构的方法，以便建造易理解的体现技术的建筑物，但在这类建筑物中，从事了一种与结构逻辑不相匹配的视觉程序。应用中缺乏对先进技术的想像，是这一范畴不同于第一个范畴的特点。

结构在象征意义上的应用，起源于轻质结构构件设计中的视觉词语，例如，I形截面、桁架大梁、腹板中切割的圆孔等（见第4章）在建筑学上被用来象征着技术飞跃和歌颂现代化技术。许多（尽管不是全部）英国“高技派”建筑都属于这一范畴。伦敦的劳埃德总部大厦（Lloyds headquarters building in London）的入口雨篷是一个例子（图7.5）。构成这个雨篷结构的弯曲钢构件连同它们的圆形“减重”孔（切割减轻构件重量的孔，见4.3节）使人想起飞机结构中的主机身构件（图4.14）。在航空技术领域中，这种布置的复杂性是完全合理的，因为在航空技术中，减少重量是

图 7.5 劳埃德总部大厦的入口雨篷
（伦敦，英国，1986年；建筑师：理查德·罗杰斯事务所；结构工程师：奥韦·阿茹勒工程事务所。具有圆形的“减重”孔使人们想起在航空工业中见到的结构）[摄影：科林·麦克威廉（Colin McWilliam）]

最重要的。在劳埃德大楼入口处采用轻质结构只是增加了被风刮走的可能性。它在这里的应用完全是象征性的。

在英国斯温登市由福斯特和奥韦·阿勒普设计的雷诺总部大厦是另一个采用这种办法处理的实例（图3.19和图6.8）。这座建筑的结构是壮观的，它是建筑形象的一个重要成分，其目的在于反映具有严肃承诺“质量设计”[1]的公司理念和在技术前沿的地位。这座建筑毫无疑问是高雅的，在它竣工时得到了众多的评论家的赞扬，应该说达到了设计的目标。贝尔拉赫·阿农（Bernard Hanon）在他第一次访问这座建筑物时，曾感叹地说到：“这简直像一座大教堂。”[2]

然而，雷诺大厦的结构不太经得起技术上的评论。它是由钢框架支撑一个非结构外壳组成的。结构的基本形体是在两个主方向上排列的多跨门式框架。这些有许多与结构效应相关的特征：每个框架的纵断面与主荷载的弯矩图相匹配；结构是桁架式的（即提供单独的受压构件和受拉构件）；受压构件必须具有抗弯能力，在I形截面和在腹板中切割的圆孔形状上有进一步的改进。尽管这些特征提高了结构效应，但考虑到它们相对短的跨度（见第6章），大多数特征都是不合理的。毫无疑问，传统的门式框架布置，其结构不一定很复杂（带有主/次结构体系的门式框架将会为这座建筑提供一种更为经济的结构如由福斯特设计事务所设计的更早期的一些伦敦泰晤士米德地区周围的建筑物，图1.5）。这样一种方案在项目一开始就被业主拒绝了，原因是它没有为公司提供一种合适的理念[3]。采用更为昂贵、更为醒目的结构是根据建筑风格来确定的。

这个结构具有大量的从技术角度来判断的其他特征。其中一个特征是一部分重要结构布置在不透风雨的壳体中，这样做对于耐用性和维护具有重要的意义。主结构的布置与理想的布置相差甚远。桁架布置不能承受分布荷载，因为这样会使非常细的受拉构件处于受压状态。正如设计所要求的，结构只能抵抗向下作用的重力荷载，而不能抵抗上浮力。然而由于风产生吸力，反向荷载往往发生在平屋顶建筑物

---

❶~❸ 朗博编辑，诺曼·福斯特：福斯特设计事务所：建筑作品选，2卷，水印出版社，香港，1989年。

中。将受拉构件加粗以使它们具有抵抗压力的能力，这种做法在建筑师看来从视觉角度上是不可接受的❶，因此这个问题通过采用比最初所打算的（或确切要求的）更重的屋面覆盖层，使反向荷载不会产生，从而使问题得到了解决。因此，整个结构将永远承受比真正需要大得多的重力荷载。进一步观察结果表明，对这座建筑物的结构不能特别地采用“动画图片（cutting edge）”来比喻，它的许多方面都是从19世纪最早期的铁和钢框架的设计中逐步演变过来的。

在结构作为装饰物的象征范畴中，用作为结构技术的视觉词语的来源是不相同的，多数不属于建筑学范畴。有时来自科幻小说，更为经常运用的是，采用可理解的比喻表达非常先进的技术，后者最有成效的例子是航空工程，在这种工程中，减轻重量被看作是头等重要的事情，特别是带有复杂“改进型”截面和圆形“减重”孔。因此，人们采用与结构效应高度相关的形状和构件类型（见第4章）。

飞机或汽车结构设计师所面临的问题之一是结构的整个形体是由非结构因素控制的。采用有效活性模式结构形状是不可能的，高效率不得不通过应用“改进型”技术来实现。整个“改进型”的技术词汇——应力外包层壳体和半硬壳式“改进型”梁、内部三角形布置、带有I形横截面、楔形纵断面和圆形“减重”孔——在这些领域中被用来描述已被认可的效率水平（图4.13～图4.15）。建筑师主要用这类词汇来寻求如何解释结构的象征性用途，在跨度和承载水平只从技术角度不能合理满足人们对这类复杂结构的应用时，他们也常采用这类词汇对此现象加以解释。

技术进步的外形和现实之间的区分在“未来系统（Future Systems）”设计组的建筑师作品（图7.6）中非常明显：

“‘未来系统’设计组相信借用技术的发展能够有助于通过推行新一代的高效、优美、多功能和令人兴奋的建筑物赋予建筑新的精神活力。这些借用技术包括那些畅行于陆地（汽车）、水域（船舶）、天空（飞机）和宇宙（宇宙飞船）的结构。这种塑造建筑的未来方法是建立在促进技术发展而不是隐藏技术发展的基础上。”❷

这段引语揭示了关于技术本质的某种幼稚思想。它包含了这样一种假设，即不同技术具有对相当不同类型的问题产生相同答案的一般相似性。

上述从“未来系统”设计组中引用的所谓的“技术借用”是令人费解的，这方面的另一个名称是“技术转让”，即一种领域开发的先进技术被另一种领域所采用和修改的一种现象。技术转让是一种概念，它具有非常有限的有用性，因为在先进技术的应用中所形成的成分和系统，如宇航工业所发生的情况一样，是为了满足非常具体的组合要求而设计的。除非非常类似的组合发生在技术被转让的领域中，否则从技术角度看所取得的结构就不会令人满意。因此这种转让从

---

❶ 见I. 朗博编辑，诺曼·福斯特：福斯特设计事务所：建筑作品选，2卷，水印出版社，香港，1989年。

❷ “未来系统”设计组的简·卡普利茨基（Jan Kaplicky）和戴维·尼克松（David Nixon）从以下著作最后一章中引用了这段话：C. 威尔金森（Wilkinson，C.）所著的《超级小屋》（Supersheds），巴特沃斯建筑出版社，牛津，1991年。后来，卡普利茨基和尼克松用同样的语气说道，在汽车和宇航工程技术方面，“正是技术能够产生出光滑表面和细腻形状——一种高效典雅甚至令人激动的建筑艺术”。从这篇引文中可以清楚地看出，正是结构的外形而不是现实技术吸引了卡普利茨基和尼克松。

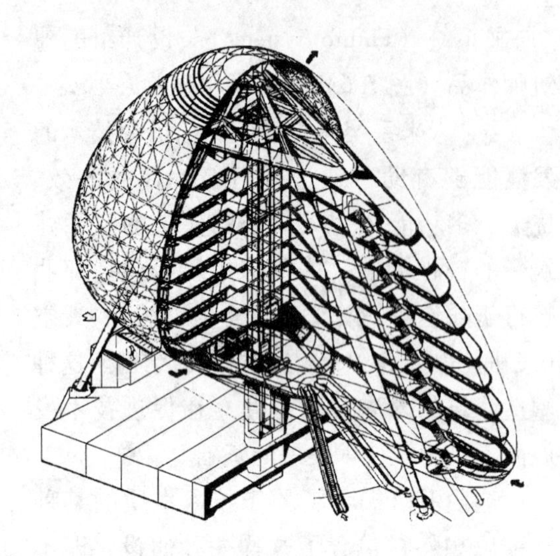

图 7.6 格林大楼（方案）（Green Building）（1990 年；建筑师："未来系统"设计组。技术转让还是技术构想？对于本项设计可能有众多评论。地面以上的建筑立面图或许是最明显的，因为这要求必须采用一个详细的结构系统，包括钢板箱形大梁楼板结构，这些结构类似于在长跨度桥梁建设中的那些结构。这里它们的应用在技术方面没有过多的合理性，对环境有利的结构系统如支撑在普通的柱面网上的钢筋混凝土板则是更为可靠的选择。这可能在视觉效果上不那么令人激动，但在可持续建筑理念的范畴内则可更为令人信服）

象征意义上讲在任何层面上都是一种误导，但它却是最为简单的。

如果从涉及功能和有效性方面的标准来判断，对技术转让所做的一些措辞也是十分荒谬的。往建筑上转让的情况通常只是表现在引人注目的构件的形象和外观上而不是技术本身。

这种建筑艺术的倡导者[1] 经常谈到，因为它在技术上显得非常先进，它将为日益恶化的地球环境状况提出解答办法，这或许是他们最荒谬的论点。材料和能源短缺和污染程度的不断加剧所产生的环境问题是真正的技术问题，它们真正需要从技术上加以解决。结构象征用途的实践和思想意识都是与可持续建筑的要求根本不相符的。结构象征用途的方法论在很大程度上是从其他技术领域借用的形象和形式，而没有认真评估它们的技术适应性，它不能解决由可持续性需要所提出的那种真正的技术问题，这种思想意识是现代主义建筑的意识，它坚定不移地相信技术的进步和建筑环境的不断破坏和恢复[2]，从生态学观点看，这种推测未来可能发生高能消耗的推测是不正确的。

新的技术解决办法将会比今天所采用的方法带来更大的益处。革新的环境技术与传统的建筑形式相结合更有可能产生出未来的可持续建筑形式，这是对环境极不利的宇航工业的技术转让产生不出来的。传统的建筑形式对环境来说是非常有利的，因为它们适应当地的气候条件，是采用耐用的当地易得到的材料建成的。

结构作为装饰物的第二个范畴包括一种不必要的结构问题，这个问题或者是有意产生的或者是无意产生的，需要特别注意。一个典型的实例是蓬皮杜中心的结构和涉及楼盖主梁与柱连接的方式（图 7.7 和图 6.7）。

这座建筑物的矩形剖面在每一层都有三个区（图7.8）。有一个中央主空间，外侧有两个周边区：建筑物一边的周边区被用作走廊和电梯的流通系统；另一边被用作服务区。建筑师采用玻璃墙，组成区划这些不同区域的建筑物外壳并把服务和流通区布置在这个外壳之外。这种区别表现

---

[1] 这其中最主要的是理查德·罗杰斯和在罗杰斯的著作《建筑艺术，现代观点》（Architecture，A Modern View）中提出的观点，托马斯·哈德逊（Thames and Hudson），伦墩，1991 年。

[2] 查尔斯·詹克斯（Charles Jencks），《新现代》（The New Moderns），AD Profile——新建筑学：新现代和超现代（New Architecture：The New Moderns and The Super Moderns），1990 年。在这一篇文章中，詹克斯对这一问题做了非常精辟的描述。

图 7.7　葛尔培悬臂牛腿

（蓬皮杜中心，法国，1978 年；建筑师：皮阿诺和罗杰斯；结构工程师：奥韦·阿茹普工程事务所。楼盖主梁被连接在这些牛腿的内侧，内侧以通过柱的铰链销为轴旋转。楼板的重量是通过施加在悬臂牛腿外端的系杆力加以抵消的。如将楼板梁直接连接在牛腿上面，所传递到柱上的力比上述布置要小 25%）（摄影：A. 麦克唐纳）

在结构布置上：主结构框架由跨在中央空间的桁架大梁组成，它通过悬臂牛腿与周边柱相连。悬臂牛腿也被叫做“葛尔培牛腿（gerberettes）”，它是以 19 世纪桥梁工程师葛尔培（Heinrich Gerberr）的名字命名的。悬臂牛腿与周边区相连，并且牛腿与主框架之间的连接与建筑物的玻璃墙搭配恰当，因此空间和结构的区划是统一的。

精心制做的葛尔培悬臂牛腿是这座建筑物外部的主要可视构件，它们绕着与柱相连的铰链旋转（图7.7）。楼板被支撑在葛尔培悬臂牛腿的内侧，楼板重量通过牛腿外端向下作用的反力平衡，向下作用的力由与基础相连的垂直系杆所提供。这种布置使得每一次传递到柱上的力比支撑楼板所需要的力要多 25%。因此，楼板梁与柱通过悬臂牛腿相连的思路没有很大的工程意义。

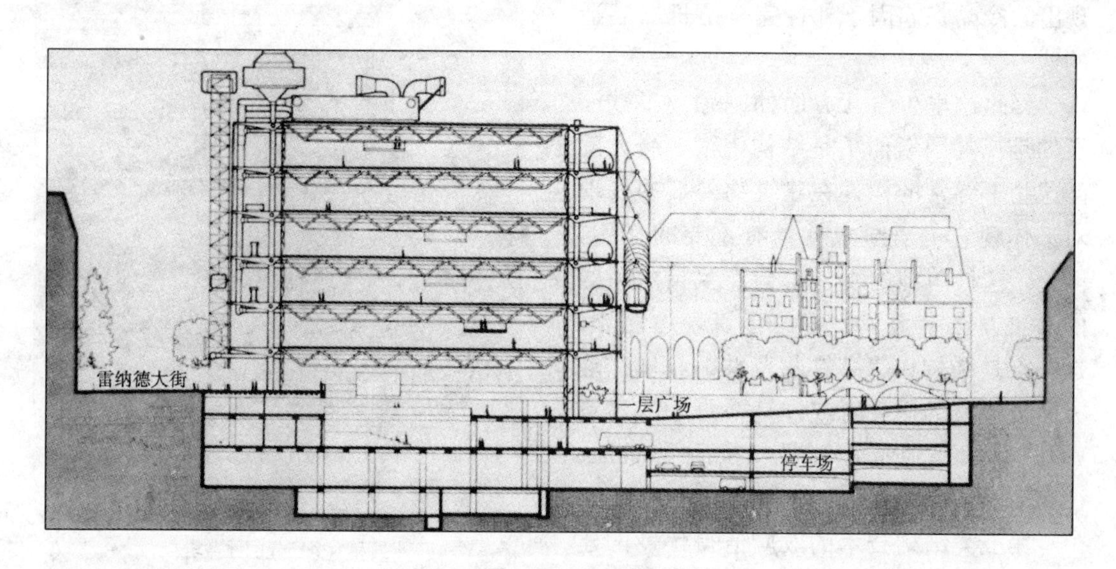

图 7.8　蓬皮杜中心剖面图

（巴黎，法国，1978 年；建筑师：皮阿诺和罗杰斯；结构工程师：奥韦·阿茹普工程事务所。这座建筑物每层都被分为三个主要区域，空间和结构布置相一致。主要内部空间占据与主楼梁板相连的中央区。葛尔培牛腿在与流通和服务区相连的建筑物两侧定义周边区）

除了柱的多余荷载外，悬臂牛腿本身也要经受很大的弯曲内力，它们的设计对工程师来说是一个有趣的挑战。对这个问题的解决办法是给悬臂牛腿提供一种反映它们结构功能的极为复杂的几何形体。这种复杂的结构只能通过金属的铸造来实现，由铸钢制造悬臂牛腿的思路是一种在当时的建筑界几乎不为人所知的技术，它是一种既勇敢又有革新精神的理念，既可以表达悬臂牛腿的结构功能又能更加充分利用材料所组成的形状。如果这些形状由标准I形截面制成，情况则大不一样。理查德·罗杰斯就此说道：“我们重复使用葛尔培牛腿200多次，它比起使用I形梁，在钢材料的用量上要少，因此是比较经济的。那就是我所争论的要点。”[1]

铸钢的另一种优势是它可以采用一种手工艺方法制作钢结构构件。这是这个项目的总结构师彼得·赖斯（Peter Rice）所全身心关注的事情。彼得·赖斯称得上是初期英国工艺美术运动（British Arts and Crafts Movement）的发起者，他相信现代建筑所表现出的冷酷都起因于部件完全由机器制造的这一事实。

因此这里包含几方面的问题，多数涉及的是视觉因素而不是结构因素，毫无疑问这些不寻常的构件在建筑物外部的展现对于体现它的美学成就具有重要的作用。因此，这种单纯的不一定会产生技术问题的解决办法带上了一定的建筑表达色彩，这一点是结构作为装饰物范畴的精髓。这方面最伟大的倡导者或许是西班牙的建筑师及工程师圣地亚哥·卡拉特拉瓦（Santiago Calatrava）。

第三类结构技术的效应值得怀疑的建筑，在视觉上的要求是与结构要求相互矛盾的。伦敦的劳埃德总部大厦（图7.9）是这方面的一个范例。这座建筑物是由设计蓬皮杜中心的设计师设计的（建筑师是理查德·罗杰斯事务所，结构工程师是奥韦·阿茹普工程事务所）。

劳埃德总部大厦是一个具有矩形平面的多层办公楼（图7.10）。这座建筑物有一个穿过大多数楼层的中厅，它将楼层平面变成矩形环形状，如在蓬皮杜中心中一样，服务区位于大楼外轮廓之外，被放在一系列塔中，这些塔掩饰了大楼的直线性。外管道紧贴在大楼上，活像章鱼的触须（图7.11）。结构骨架是一个钢筋混凝土梁-柱框架，支撑建筑物的矩形芯。这构成了一个视觉词语的突出部分，但从技术上说，问题还是很多的。

图7.9 劳埃德总部大厦

（伦敦，英国，1986年；建筑师：理查德·罗杰斯事务所；结构工程师：奥韦·阿茹普事务所。这座建筑物有一个矩形平面和六个凸起的服务塔）

柱被置于它们支撑的楼板结构周围，这样会增加荷载的偏心矩，是结构上非常不期望得到的结果。采用这种解决办法可以将不同的部分清楚描述为单独的可识别构件，从而使结构变成“可读的（Readable）”（理查德·罗杰斯不断关注的一个问

---

[1] 对这位作者的采访，于2000年2月。

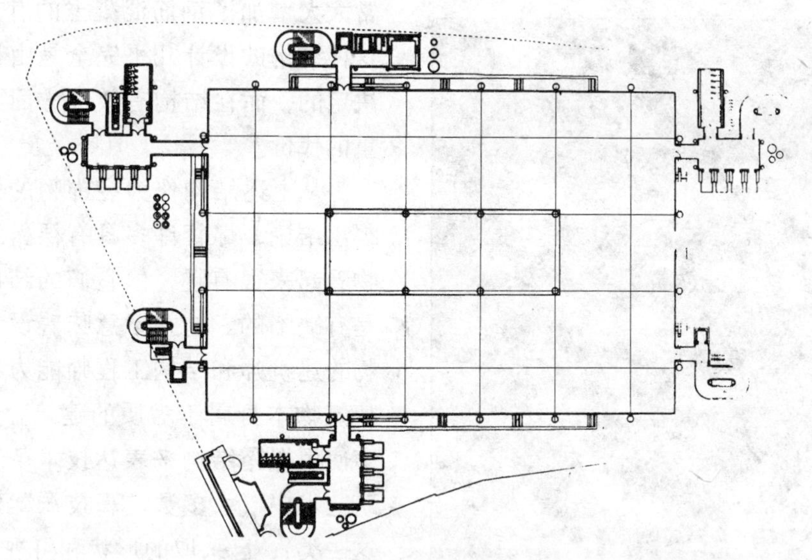

图 7.10　劳埃德总部大厦平面图

（伦敦，英国，1986年；建筑师：理查德·罗杰斯事务所；结构工程师：奥韦·阿茹普工程事务所。建筑物有一个带中央大厅的矩形平面。结构是一个承担单向楼板的钢筋混凝土梁—柱框架）

图 7.11　劳埃德总部大厦

（伦敦，英国，1986年；建筑师：理查德·罗杰斯事务所；结构工程师：奥韦·阿茹普工程事务所。由矩形平面伸出的服务塔是这座建筑物最明显的特色）

题）。这种结构中楼板通过精心制作的预制混凝土牛腿与柱相连（图 7.12）。在这方面，劳埃德总部大厦与蓬皮杜中心相同。"可读性"的建筑思想产生了一个需要从结构上回答的问题。预制柱连接没有蓬皮杜中心的葛尔培牛腿那么壮观，但却有相同的功能，无论是技术上还是视觉上。

然而，就结构与功能之间的关系来说，在蓬皮杜中心和劳埃德总部大厦之间有一种重要的差别，使这两座建筑物归于稍微不同的范畴。在劳埃德大厦中，在处理裸露钢筋混凝土楼层的底部时，这种可读性的想法被放弃了。由于中庭的出现，这些楼层在平面图上呈现出一种矩形环形状。在结构上，它们由跨在周边和中庭之间的主梁构成，主梁支承密肋单向跨楼板系统。纯粹为了视觉的缘故，主梁不允许暴露出来，它们被楼板结构的方形格栅所遮盖。因此留给人们的印象是楼板是一个没有主梁，被直接支承在柱上的双向跨系统。这要求结构设计者发挥更大的智慧，设计出

图 7.12 劳埃德总部大厦中厅

(伦敦，英国，1986年；建筑师：理查德·罗杰斯事务所；结构工程师：奥韦·阿茹普工程事务所。柱被布置在楼面板周边并通过明显可视的预制混凝土牛腿相连。这种布置允许结构很容易地“被读”，但在结构上却是极不理想的。它把弯曲引入柱中，从而造成连接处的应力集中)

一种技术性能令人满意的结构，尽管它不能同时表现出技术优势。

这一要求不会因其他视觉要求变得更加容易，也就是说楼板结构肋看上去应该是四边平行的而不是锥形的。事实上少量的锥度对于取出框架是必须的，但是若要结构肋四边平行，锥形必须向上而不是向下。这意味着不得不从上面抽出框架，这样会消除肋和由肋支承的楼板之间的可能存在的连续性。这样肋与楼板之间的复合作用的益处则会失去，而这种复合作用通常大大增加了钢筋混凝土的有效性。因此这种结构的设计几乎完全是由视觉因素所决定的，而在结构有效性方面则付出了沉重的代价。

从上述结构作为装饰物的例子中可以得出结论，尽管许多具有裸露结构的建筑物看起来很有趣，但它们的结构在技术上是有缺陷的。这并不意味着设计这些建筑物的建筑师和结构工程师能力不够或者是建筑物本身属于劣质的建筑。然而，在很多使用裸露结构来表达技术革新思想的建筑艺术中（大多数“高技派”建筑都属于这一类），已采取的形状和可视手段自身都不是适合于功能需要的技术范例。仍然需要关注的是这些建筑物是否经得起时间的检验，无论是物理上的还是智力上的：尽管它们具有使人愉悦的特性，但它们中许多的最终命运可能如同被废弃的玩具一样。

7.2.3 结构作为建筑

7.2.3.1 引言

总有一些建筑是由结构和只有结构组成的。爱斯基摩人用雪块砌成的圆顶小屋和北美印第安人使用的圆锥形帐篷（图 1.2 和图 1.3）是这方面的实例，当然这类建筑物在整个人类历史甚至人类史前时期内就已存在。在建筑史和评论界，它们被认为是“乡土”的而不是“建筑学”的。偶尔在建筑论文中也能找到对它们的一些表述，但这常常发生在一些特殊的实例中。这些实例中包括 19 世纪的水晶宫（the Crystal Palace）（图 7.25）和 20 世纪的法国国家工业与技术展览中心大厦（图 1.4）。这些建筑物都在技术的可行性上达到了最佳点，对于结构的要求方面没有任何折扣。这是结构与建筑形式之间的第三种关系，可以看作是没有装饰物的结构，或者更确切地说是结构作为建筑。

很明显，在大跨度和高层建筑实例中，有可能达到结构的极限。其他实例包括那些极轻型的建筑物，例如有些建筑物需要移动，有些建筑物在技术上要求很高，这些技术问题支配着设计过程。

7.2.3.2　大跨度

有必要从大跨度结构开始讨论。由于跨度的尺寸，在优先考虑的建筑因素中，技术因素占有非常重要的地位以至于它们严重影响建筑物的美学处理。正如在第6章中讨论的一样，我们可以问：跨度在什么情况下才算大跨度？这里所给予的回答是，由大跨度产生的技术问题是保持所承受荷载与结构自重之间的合理平衡的问题。因此最大跨度的结构形式是那些最有效的结构类型形式，即活性模式形式如受压拱顶和受拉膜，以及进行过重大“改进”了的非活性模式或半活性模式形式。

在工业时代以前，用作为最大跨度的结构形式是砖石拱顶或穹隆。在工业时代前可得到的唯一其他材料是木材。由于单个木头的尺寸小，制作任何大的木结构都需要将许多构件连接在一起，但用结构性能令人满意的木料进行连接是困难的。在缺乏满意的连接技术的条件下，大规格木结构在前现代化（pre - Modern）世界中是不现实的。同样，直到19世纪，人们才懂得如何生产高效全三角桁架。

在19世纪末，钢筋混凝土的发展使人们能够延长具有受拉活性模式结构的最大跨度。钢筋混凝土比砖石材料有更多的优势，主要一种优势是它不仅抵抗压力而且具有受拉的能力和抵抗弯曲的能力。当然，拱顶和穹隆是受压活性模式结构，但这并不意味着它们从不遭受弯矩，因为活性模式形状只对具体的荷载形式有效。建筑物所承受的结构荷载形式不断变化，因此，受压活性模式结构将在某些条件下变成半活性模式结构并且需要它们去抵抗弯曲。如果结构材料的抗拉强度小，像砖石材料，它们的截面就必须足够大，以防止发生的受拉弯曲应力超过受压轴应力。因此，砖石拱顶和穹隆必须相当厚，这会影响它们的有效性。穹隆的作用会造成另一种复杂情况，即受拉应力能够在结构基础附近的环形方向上形成，从而发生裂缝。事实上，大多数砖石穹隆都加入一定的钢筋，采用钢筋的形式抵消裂缝产生的趋势。

钢筋混凝土既能够抵抗受拉应力又能够抵抗弯曲应力，这种材料中的受压活性模式结构比同等砖石结构薄得多，并能达到更大的有效水平，以及由此产生的更大跨度，因为穹隆或拱顶上的主要荷载是结构自重。

钢筋混凝土的另一种优势在于它更便于采用“改进型”截面。然而，这种技术一直以来采用的是砖石穹隆，佛罗伦萨主教堂（图7.13）[1]的布鲁乃列斯基的穹顶（Brunelleschi's dome）的双层结构就是一个实例，但是钢筋混凝土的可塑性大大增加了穹顶抵抗由半活性模式荷载形式形成的弯矩的有效程度。

在大规模使用钢筋混凝土作为拱顶的最早期的实例中包括欧仁·弗雷西内（Eugéne Freyssinet，图7.14）设计的巴黎奥利飞机场的飞机库。在这些建筑物中采用波纹形截面以改进拱顶的弯曲阻力。20世纪的这种结构类型的其他大师是皮尔·路易吉·奈尔维、爱德华多·托罗哈（Eduardo

---

[1] 双外层布置可能因为结构原因还不被采用。一个有趣的推测是，布鲁乃列斯基，一位著名的工艺学家，对有双外层布置产生的改进性结构性能已经有了本能的了解。

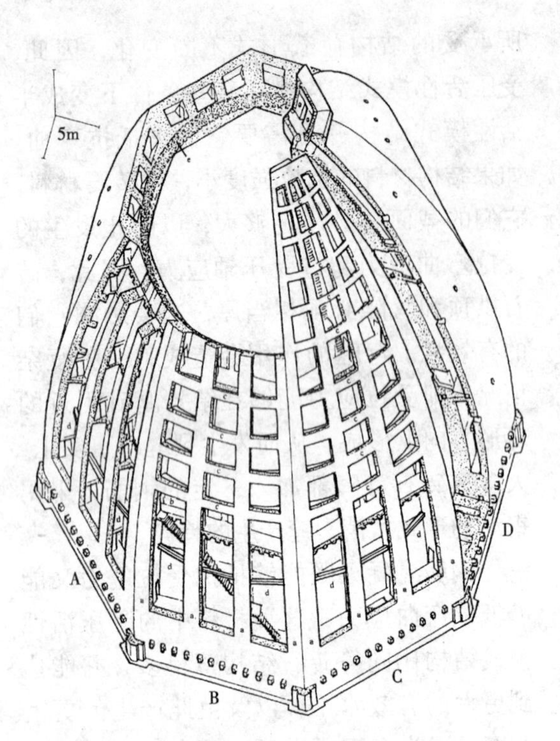

图 7.13 佛罗伦萨主教堂穹顶

(Dome of the cathedral)

[佛罗伦萨，意大利，1420～1436 年；建筑师：布鲁乃列斯基（Brunelleschi）。主教堂的穹顶是一个半活性模式结构。砖石外壳有"改进型"截面，并由通过横隔梁连接的内外层所组成。采用一种精制的砖石粘结模式保证有理想的复合作用。考虑到所具有的跨度和某些其他的约束条件如穹顶不得不坐落于一个八边鼓形上，很难想象在结构上可行的其他形状。因此，这项令人难忘的建筑杰作是一个真正的"高科技"实例。整体造型是从结构因素上考虑的而不是为了满足视觉效果]［制图：R. J. 梅因斯托恩（R. J. Mainstone)］

图 7.14 奥利机场（Orly Airport）飞机库

（法国，1921 年；结构工程师：欧仁・弗雷西内。这个受压活性模式拱顶包层有波纹截面，可以有效地抵抗附加弯矩。从跨度来看，所采取的结构形式是完全合理的，并且完全是从结构因素考虑的）

图 7.15 罗马小体育宫（Palazzetto dello Sport）

［罗马，意大利，1960 年；建筑师兼工程师：皮尔・路易吉・奈尔维（Pier Luigi Nervi）。这是另一个只从结构要求上考虑建筑物造型的实例。受拉活性模式穹顶是现浇和预制钢筋混凝土的组合，有"改进型"的波纹形截面］（摄影：英国水泥协会）

Torroja）和费利克斯・坎德拉（Félix Candela）。奈尔维的结构造型（图 7.15）是特别令人好奇的，因为他研制了一套建筑体系，这套体系包括采用由钢丝网水泥制成的预制永久性框架体系。钢丝网水泥是一种由非常细的骨料制成的混凝土，它能够用模子做成非常细而精美的形状。许多临时模板可以取消，钢丝网水泥能够模压成具有复杂几何形体的"改进型"截面，这使得人们可以比较经济地建造更为复杂的大跨结构。最终的穹顶或拱顶是由现浇混凝土和钢丝网模板的复合结构构成的。

20 世纪受压活性模式结构的其他著名实例是由尼古拉斯・埃斯基兰设计的法国巴黎国家工业与技术展览中心（图 1.4）和奥韦・阿茹普工程事务所的 R. S. 詹金斯（R. S. Jenkins）设计的史密斯菲尔德家禽市场（Smithfield Poultry Market in London）的屋顶（图 7.16）。

受压活性模式结构也可以用金属生产，

图7.16　史密斯菲尔德家禽场

（伦敦，英国；结构工程师：奥韦·阿茹普工程事务所。这座建筑主要是由半活性模式壳结构组成，这种结构组成建筑物的屋顶。采用这种跨度约为60m的结构是相当合理的。选择椭圆抛物面而不是完全活性模式几何形体，是因为这种形体容易从数学上描述，从而简化了设计和建造）［摄影：约翰·马特比公司（John Maltby Ltd.）］

通常采用格构弓形或拱形来实现非常大的跨度。最引人注目的实例也是最早期时代的一些建筑物，如由威廉姆·巴洛（William Barlow）和R. M. 奥尔迪西（R. M. Ordish）设计的伦敦圣潘克拉斯车站（St Pancras Station，1868）的站棚（跨度73m，图7.51）以及康泰明（Contamin）和都特（Dutert）设计的用于1889年巴黎博览会的机械馆（the Galerie des Machines）结构（跨度114m）。威尔金斯已对这个主题做了详细的论述[1]。这种传统做法今天仍然被保留着，最近的一些典型实例包括尼古拉斯·格雷姆肖与安东尼·亨特合作设计的伦敦滑铁卢车站的国际铁路中转站（图7.17）和伦佐·皮阿诺（Renzo Piano）与奥韦·阿茹普为日本大阪的关西机场（the Kansai Airport）所做的设计。

悬索结构是另一类结构，它的外表非常明显。为了实现大跨度或采用非常轻质的结构，人们已经特别注重技术要素，因此它们是达到极高实效水平的受拉活性模式结构。它们的主要应用情况与用于大型单体建筑物的屋顶结构如体育馆相同。由埃诺·沙里宁设计的耶鲁大学冰球馆（图7.18）和弗赖·奥托设计的索网结构(图i)是典型的实例。

在这些建筑物中，屋顶外壳是一个鞍形或互反曲面[2]每处有两个相对曲线。这个面是由两套悬索形成，每套悬索与曲线的各个组成方向相一致，钢索彼此间承受预应力。曲线的反方向为结构提供一种承受反向荷载的能力（必须抵抗风荷载而在形状上不发生面部扭曲），而预应力则使在荷载变化条件下发生的变形减少到最低限度(必须阻止对屋面覆盖层造成的损坏)。

在20世纪90年代研制了新的一代桅杆支撑同向索网。它们比起早期互反曲面形状的优势在于：这种形状更为简单，覆盖层的制造因此变得更加容易。

伦敦的千年穹顶（Millennium Dome）（图7.19）或许是这方面的最好实例，当然从结构意义上说它不算穹顶。在这座建筑物中，一个穹顶形索网由围成环形的24根桅杆支撑。建筑物的总直径是358m，其最大跨度大约是225m，这指的是由24根桅杆围成的环形的直径长。这个跨度的尺度使得采用一种复杂的活性模式结构显得非常合理。覆盖表膜的索网是由一系列辐射悬索成对组成的，悬索连接各个节点形成25m跨度，吊索拉撑着节点，并把它们与桅杆顶端相连。同时，环状悬索也连接着节点，以提供稳定性。向下弯曲的悬索受到

---

[1] 在参考文献中。

[2] 互反曲面（anticlastic）和同向曲面（synclastic）是描述不同类型曲面的两个术语。互反曲面是由两套双曲线成相反方向形成的。慕尼黑的奥林匹克体育馆的雨篷（图i）是这方面的实例。同向曲面也是双曲线的，但曲线是朝同一方向作用的。史密斯菲尔德家禽场是这种类型建筑的实例。

图 7.17 滑铁卢车站国际铁路中转站

（伦敦，英国，1992 年；建筑师：尼古拉斯·格雷姆肖事务所；结构工程师：YRM 安东尼·亨特工程事务所。这座建筑物用于火车站的一种传统的连续大跨结构。设计包含大量的革新特色，最突出的是次构件上应用了锥形钢）［摄影：J. 里德（J. Reid）和 J. 佩克（J. Peck）］

图 7.18 耶鲁大学冰球馆

［即戴维·S. 英戈尔斯冰球馆（David S. Ingalls ice hockey rink）］［耶鲁大学，美国，1959 年；建筑师：埃诺·沙里宁（Eero Saarinen）；结构工程师：弗雷德·塞韦鲁（Fred Severud）。在这座大跨建筑物中采用了受压活性模式和受拉活性模式悬索结构组合。建筑完全由结构形式所决定］

吊索预应力的作用，形状几乎成为直线，这使得穹顶面变成一系列的棱面体。正是这种特点简化了覆盖层的制造。事实上，由于辐射悬索是受拉活性模式杆件，它们多少都有点弯曲，这种弯曲在覆盖层设计时是允许的，但是总的几何形体不像互反曲面那么复杂。千年穹顶的覆盖面由聚四氟乙烯的玻璃纤维制成。

这里所举出的几个索网结构实例表明，这种类型的结构是真正具有依赖外荷载模式形状的活性模式结构，设计者通过选择支撑条件和表面类型对整体形状起了相当大的影响。索网或者能够支撑在半活性模式的拱上，或者支撑在一系列桅杆上；同时它也可以是同向曲面或互反曲面的，对于这些曲面所采用的布置将影响建筑物的

图 7.19　千年穹顶

[伦敦，英国，1999年；建筑师：理查德·罗杰斯事务所；结构工程师：哈波尔德（Buro Happold）。这是一座桅杆支撑的穹隆状索网结构，直径为358m。采用受拉活性模式结构对于这种尺度的结构来说是完全合理的]

整个外形。

根据6.3节列出的标准判断，大多数活性模式拱顶结构和悬索结构在技术上都不是完美无缺的。它们在设计和建造方面都很困难，由于它们的质量很小，所以隔热保温性能很差。除此而外，这些结构的耐久性，特别是索网，比大多数常规性的建筑物外壳低。然而，就其达到需要制造大跨度的高水平结构实效来说，采用这些结构是合理的。在这里所描述的例子中，考虑到所采用的跨度和所设计的建筑物的用途，设计中所做出的让步是值得的。

因此，这里考虑的所有大跨建筑物都可以看作是真正的“高技派”建筑。它们是用来达到现有的最大跨度外壳的结构技术的现代化发展实例。所采用的技术必须达到所要求的跨度，在建筑风格上则对所产生的结构形式做了最少处理。

7.2.3.3　超高层建筑物

对真正的高技术建筑物的寻求，是对结构作为建筑这一门类的另一种思维方式，在这方面，摩天大楼是值得认真研究的。从结构观点看，有两个问题是由特别高的建筑物产生的：一是提供足够的垂直支撑，另一个是很难抵抗非常大的横向荷载，包括风的动态影响。就垂直支撑来说，要求柱或墙所具有的强度在建筑物基础部分最大，在那里，需要特别大的结构体量，这是一个潜在的问题。在铁和钢使用之前，这的确是一个难以解决的问题，限制了可能达到的结构高度。而钢框架的采用解决了这个问题。柱是垂直受载的，只要楼层高度不是很大，便能够将长细比[1]保持在

[1] 见安格斯·J. 麦克唐纳著，《建筑结构设计》，附录2，关于长细比的解释。

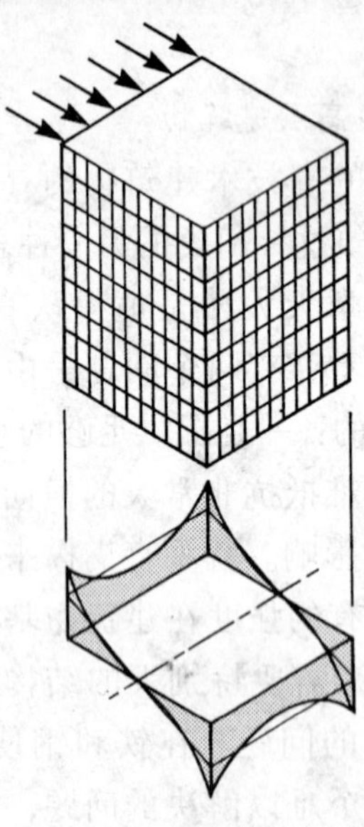

图 7.20　世贸中心大厦

[纽约，美国，1973 年；建筑师：雅马萨奇联合事务所（Minoru Yamasaki）；结构工程师：斯基林（Skilling）、赫勒（Helle）、克里斯蒂安森（Christiansen）和罗伯逊（Robertson）。结构由密排的外柱形成一个"框架筒体系"，提供有效的抵抗横向荷载的能力。横向荷载作用时，建筑物作为一个具有中空箱形截面的垂直悬臂构件来考虑。虽然这是一个结构体系的实例，但在视觉方面一点也不逊色，对建筑物的外表具有重要影响]（摄影：R.J. 梅因斯托恩）

一个合理的低水平上，并由此阻止压曲，则材料的强度就会产生这样的结果，不会在由其他的非结构约束条件所强加的最大实际高度限度内不会存在过大的结构体量。

向高层建筑物底部增加垂直支撑的需要很少从建筑学角度表达过。在许多摩天大楼中，垂直结构——柱和墙的外观尺度在整个建筑物高度上都是相同的。当然，解决高层建筑物中的重力荷载支撑问题的技术革新有很多。正如比林顿（Billington）[1]所指出的，垂直和水平结构构件之间的关系变化已经导致了建筑物内部更大的无柱空间的产生。尽管如此，这些革新方法在建筑方面的应用是非常有限的。

从建筑物的审美范畴上讲，承担风荷载的需要对建筑物的影响比承担重力荷载的影响更大。正如对于垂直支撑构件一样，在大多数摩天大楼中，建筑师已经不去表达支撑结构，使得尽管许多建筑物在结构意义上做了革新，但从视觉角度是不明显的。然而，那些最高的建筑物已经被设计成为结构集中在外围、单独的垂直悬臂构件，在这种情况下，必须对结构的作用进行阐述。

框架筒和桁架筒设置[2]（图 7.20 和图 7.21）是结构布置的实例，它允许高层建筑物在承受风荷载时像一个悬臂梁。

这两类结构在抵抗横向荷载时都被看作是一个中空筒，一个具有"改进型"截面的非活性模式构件。这个筒是通过将垂直结构集中在平面四周形成的。楼板从周边横跨到提供垂直支撑的中间服务中心，

---

[1] D.P. 比林顿，《塔与桥》（The Tower and the Bridge），基础读物出版社，纽约，1983 年。

[2] 见舒勒·W.（Schueller. W.），《高层建筑结构》（High Rise Building Structures），约翰·威利出版公司，伦敦，1977 年，以解释非常高的建筑物的支撑体系。

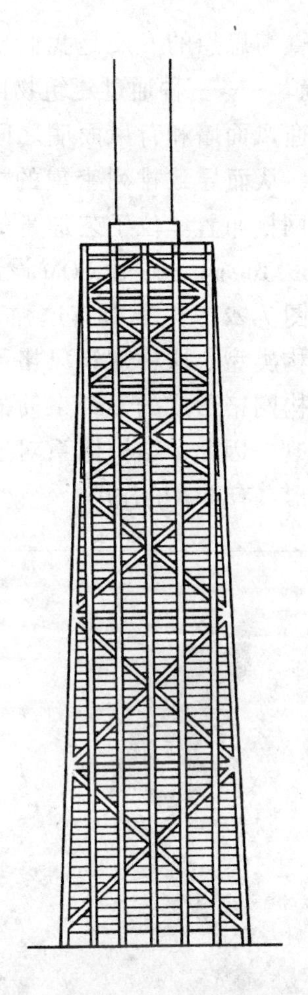

图7.21　约翰·汉考克大厦

［芝加哥，美国，1969年；建筑师和结构工程师：SOM设计事务所（Skidmore，Owings & Merrill）。桁架式筒结构是建筑物的主要特色］［摄影：克里斯·斯莫尔伍德（Chris Smallwood）］

但通常不起抵抗风荷载的作用。

这类建筑物通常有一个正方形平面。当风平行吹在建筑物的一个立面上时，迎风面和背风面墙上的柱分别作为悬臂截面的受拉翼缘和受压翼缘，而剩余的两面外墙形成这些柱之间的抗剪连接。在世界贸易中心大厦的这类框架筒中（图7.20），抗剪连接是由柱和连接它们的短梁之间的刚性框架所提供的。在约翰·汉考克大厦（John Hancock Building）这样的桁架式筒结构中（图7.21），抗剪连接是由斜支撑杆件提供的。因为这种用来抵抗横向荷载的特殊结构设置使结构受力集中在建筑物的外墙上，所以结构主要起着也的确决定着建筑艺术的视觉效果。哈尔·伊思戈尔（Hal Iyengar）是SOM芝加哥设计事务所的总结构工程师，他是这样来描述这种关系的：

“……这个项目的特点创造了一个独特的结构，然后建筑师利用了这个结构。那就是约翰·汉考克大厦的真实写照。”❶

---

❶ 与贾尼丝·塔奇曼（Janice Tuchman）的谈话，由桑顿·C.（Thornton. C.）、托马塞蒂·R.（Tomasetti. R.）、塔奇曼·J.（Tuchman. J.）和约瑟夫·L.（Joseph. L.）报道，《建筑设计中的裸露结构》（Exposed Structure in Building Design），麦格劳希尔，纽约，1993年。

悬臂筒思想的发展是我们现在所说的"成束筒"——一种通过建筑物内墙和外墙形成的迎风面墙和背风面墙之间的抗剪连接体系，从而导致排列密集的柱"墙"的正方形网格布置。位于芝加哥的西尔斯大厦（Sears Tower）也是由SOM设计事务所设计的（图7.22），它就具有这种表现建筑风格的结构类型，这种建筑风格可以通过改变由结构网格形成的每个束筒的高度的方法来实现。因此，结构体系对于这种建筑物的外形具有重大的作用。

图 7.22 西尔斯大厦

（芝加哥，美国，1974年；建筑与结构工程师：SOM设计事务所。这座大楼在当时是世界上最高的建筑物，在内部是由排列较密的柱"墙"按十字形方式排列分区的，这些柱加强了建筑物抵抗风荷载的能力。这种结构布局表现在外部造型上）

因此，在超高建筑物中，可以发现结构作为建筑的实例。因为已经达到技术可能发展的极限，人们在设计中对于结构因素的考虑则被放在更加重要的地位——建筑物的外形在很大程度上受到它们的影响，从这个意义上说，这些的确是高科技项目。

7.2.3.4　轻型建筑

减少建筑物的重量是在技术上必须考虑的另一个重要因素，在建筑物的设计中需要对这一问题给予特别的重视，这种情况对轻型建筑物往往如此。前面已经提到的登山运动员背着的帐篷就是一个实例，它要求尽可能地减轻重量。轻便性不仅要求建筑物轻，而且也要求建筑物可以拆卸，这是另一个需要单纯从技术上考虑的问题。在这种情况下，所建造的建筑物形状几乎完全是由技术标准所决定的。

我们反复强调过，最有效的结构类型是活性模式结构，对于轻型建筑物问题的传统解决办法当然是采用帐篷，因为帐篷是一种受拉活性模式结构。帐篷也有易于拆卸和裹成小包的优势，而受压活性模式结构则不具备这种优势，因为为了抵抗压力，它们必须具有刚度。用于临时或轻便建筑物中的办法贯穿于整个人类历史发展中，人们可以找到很多使用这种办法的情形，从游牧民族的轻便住房到工业发达社会中的临时房屋，无论是可以重新安装的帐篷还是为其他目的所建造的临时住房。图7.23展示了一个现代工程实例，一个用作临时展览会的建筑物，这是一个真正的高科技实例。

尽管在临时住房范围中仍然以帐篷占主导地位，但受压活性模式结构也已被用于类似的目的。20世纪末叶的一个实例是由伦佐·皮阿诺设计的建筑，它是为IBM的欧洲巡展设计的（图7.24）。这是一个由通过三角形设置"改进型"的半活性模式拱顶组成的建筑物。次构件是叠层榉木支杆和系杆，由聚碳酸酯棱锥相连接，这些构

图 7.23　作为临时展览会建筑物的帐篷结构

（海德公园，伦敦，英国；结构工程师：奥韦·阿茹普工程事务所。轻质轻便建筑物在任何时代都可以被认为是真正“高技派”建筑的实例，因为所采用的建筑形式几乎完全是由结构和建造因素决定的）

件是采用铝制连接件拧在一起的，它们重量轻，易于装配，符合轻便建筑物的两个基本要求。之所以重量轻，是因为采用了低密度材料和高效的几何形体，无论在外观上还是在建筑风格上都具有很高的技术含量。

7.2.3.5　特殊要求

除了对于轻型结构的需要以外，其他特殊要求的形式也能够导致人们在建筑物设计中最大限度地重视结构要素，因为它们对建筑物的形式具有极大的影响。这方面的一个典型实例是建于19世纪位于伦敦的水晶宫（Crystal Palace）（图7.25），它是为承办1851年的世界博览会（the Great Exhibition of 1851）而建造的。

水晶宫的设计师约瑟夫·帕克斯顿需要解决的问题是以最快的速度设计和建造一座建筑物（从方案设计到竣工只有9个月），而且这座建筑物要随时能够在其他地方拆除和重新安装。这座建筑物的规模巨大，简直可以与哥特式大教堂相类比，的确使得上述技术问题难以克服。帕克斯顿的解决办法是建造一座温室——一个由铁和木材组成的裸露结构支撑的玻璃外壳。很难想像在当时能够用其他的结构方案来满足这种设计要求。或许采用一系列的帐篷可以满足这种要求——因为当时与造船业相关的帆布和绳索制造业，以及大型帐篷制造业的传统工艺非常发达。然而，帐篷不能提供足以陈列现代工业产品所需要的巨大的内部空间。水晶宫不仅解决了巨大的外围护结构问题，而且它本身也是最新工业进展和批量生产技术的见证。

这座建筑物采用了温室建设者用于园艺的技术，这些建设者中最有革新精神的人应该算是帕克斯顿了。这座建筑包含很多令热衷于结构工程和工业技术的人喜好的东西，梁-柱结构对于结构所具有的跨度和荷载来说是合适的。活性模式结构被用作梁-柱结构中的水平构件横跨大型中央“正厅”和“侧廊”，具有三角形“改进型”纵断面的非活性模式水平大梁组成侧“耳房”的短跨。玻璃窗与脊-沟设置相一致，这种设置最初是用于改进采光特征的园艺温室的。当中午太阳直射在温室上时，它可以遮阳；在清晨和傍晚，它允许更多的光线透进室内。尽管这种特征在水晶宫的例子中不是特别重要，但这种布置通过给玻璃覆面提供一种结构上的“改进型”波形截面增强了结构的性能。许多其他先进技术应用在这座建筑物的外部特征上，其

图 7.24 用于 IBM 欧洲巡展的建筑
(建筑师兼工程师：伦佐·皮阿诺；结构工程师：奥韦·阿茹普工程事务所。这座建筑由一个半活性模式受压拱顶组成。“改进型”的薄膜截面是以叠层榉木和塑料高度复杂的组合方式实现的，叠层榉木和塑料在重量方面都是能够提供高强度的材料。这里着重从技术角度考虑了如何建造轻质轻便的建筑物)

中之一是支撑玻璃框的次梁也用作为雨水沟，使雨水流到柱上，柱的圆槽形截面——理想的用于受压构件的结构形状，具有了排水管的作用。另外一个例子是结构的许多部分都是非连续的。通过消除“不相适”的问题（见附录 3），并使用相当多的相同构件，使得这种结构及其非连续性既有利于采用批量生产技术快速制造构件，又有利于建筑物的现场快速安装。

因此，这座建筑物处在当代技术的前沿，是真正的高科技产物，是作为博览会理想的临时场所。这种结构布置也存在着一定的技术缺陷——缺少隔热功能、玻璃覆盖面上的许多连接处易漏雨以及结构与覆盖面接头的耐用性能低等，但作为一座临时性建筑来说，这些方面并非像永久性建筑物那样重要。

许多 20 世纪的现代建筑师都从水晶宫的玻璃覆面框架上得到了启发。但正如前面提到过的近来的“技术转让”的情况一样，正是那种“比喻”而不是“技术”本身吸引了他们，尽管也会有一些例外如下面描述的帕泰拉大楼（Patera Building）。

帕泰拉大楼是由建筑师迈克尔·霍普金斯和结构工程师安东尼·亨特工程事务所设计的（图 7.26），它可以与水晶宫相媲美，因为它的设计也是建立在工厂预制原理上的。该项目的目的是通过形成一套经济、灵活和时尚的建筑体系，并将这套体系与实业房地产合伙人共同开发合作，致力于解决大多数实业房地产的劣质建筑问题。房地产开发公司购置土地、绘制建筑用地平面布置图和铺设基础结构，然后单个承租商在该套建筑体系所提供的统一风格范围内根据各自的需要设置房屋。事实上，这些建筑物往往是工业用房，它们能够适应不同承租商的需要，承租商按他们租用的不同期限支付租金。

这个概念中的主要构件是一个基本的建筑外壳，这种建筑外壳能够快速装配和

图 7.25　水晶宫

[伦敦，英国，1851年；建筑师兼工程师：约瑟夫·帕克斯顿（Joseph Paxton）。水晶宫是一座真正的高科技产物，也是一个激发现代建筑师灵感的建筑。不同于那些20世纪已经贴上高新技术标签的建筑物，它真正处在当时的可能出现的技术前沿。建筑物形式的主要决定是从技术角度做出的，没有为视觉和风格效果做出让步。该建筑也有技术上的缺陷，如在外层中的许多结点的耐用性低，但是就其作为临时性建筑来说，这些方面没有被过多地重视也是合理的]

图 7.26　帕泰拉大楼

（建筑师：迈克尔·霍普金斯；结构工程师：安东尼·亨特工程事务所。该建筑由一个支撑隔热覆面系统和完全玻璃端墙的轻钢框架组成。主结构构件在外侧，檩条和覆面横杆位于覆面区内，以产生一个非常洁净的内部空间）（摄影：安东尼·亨特工程事务所）

拆除不仅满足单个承租商的需要，又能够轻易地满足其他承租商的需要。可以预料，这种运作模式往往使房屋被看作是工业产品：它以原型形式被开发和试验，然后大批量生产以补偿开发成本。

这种建筑物的装配大约分为三个阶段。第一阶段，铺设长方形地基以及供服务设施摆放的一楼楼板。这是上层结构和工地之间的连接面，使建筑物不再需要具体的施工工地。由于有了这种标准的矩形板，建筑物可以被建立在任何地方。第二阶段是上层结构的安装，包括支撑在钢框架上面的面板外壳和供电器与电话服务使用的组合线槽。第三阶段是根据具体承租商的需求对建筑物内部进行分隔和装修。

该建筑物的结构是由一系列横跨建筑物、跨度为13.2m的三角形门式框架所组成。框架通过矩形中空截面檩连接，面板横杆相隔1.2m，主框架之间的跨度为3.6m。主框架是专门设计的，以严格满足性能的要求，这种性能要求需要结构具有漂亮的外形。为了便于集装箱运输，构件长度不能超过6.75m；为了便于施工，构件重量不能超过叉车所能负荷的重量(图7.27)。为了满足这些要求，选择一种双铰或三铰门式框架组合。采用半活性模式布置、构件的完全三角形布置和相对小的跨深比，允许人们采用非常细的圆形中空截面次构件，每个门式框架都由两个水平和两个垂直的预制单元杆件焊接所组成，铸钢连接部件允许在现场采用非常精确的销连接，这些连接被巧妙地安排在水平和垂直杆件之间的结点处，并提供刚性连接(图7.28)。

采用组合双铰或三铰设置时，只要横向受到面板约束的主构件内弦杆在所有承载条件下都处于受压状态，就可以省去对结构受压边额外的横向支撑。达到这一性能的关键是在门式框架上部构件中心结点

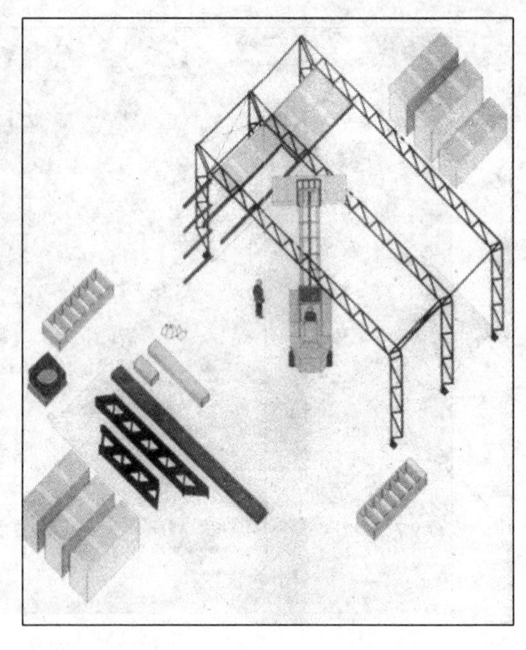

图7.27　帕泰拉大楼

（建筑师：迈克尔·霍普金斯；结构工程师：安东尼·亨特工程事务所。对集装箱运输的需要和用叉车简单装配的需要这些技术因素对这种建筑物的设计具有重要的影响）（摄影：安东尼·亨特工程事务所）

上有一个真正的三铰只受拉连接（图7.29）。在重力荷载作用下，这个连接承受压力并失去作用，这样便在主结构跨中处形成一个铰接点，从而确保压力被集中在框架内弦杆中。如果由于风浮力的存在导致反向荷载的发生，则结构内的反向应力就不发生，因为只有拉力的连接现在变成结构的一部分，成为刚性水平构件之间的跨中处结点，从而使主框架转变成一个双铰布置。这意味着受横向约束的内弦杆[1]处于受压状态，大多数外（上）弦杆继续只承受拉力。因此对外（上）弦杆横向约束的需要在所有受载条件下都被取消。

因此，帕泰拉大楼是一个用熟练技术满足一系列特殊要求而产生的建筑实例，

---

[1] 内弦杆（innerboom），由图7.29说明文字可知，内弦杆即指下弦杆——中文版注。

图 7.28 帕泰拉大楼

(建筑师：迈克尔·霍普金斯；结构工程师：安东尼·亨特工程事务所。单纯使用销连接和浇铸结点以便组装的主构件之间进行全刚性连接)(摄影：安东尼·亨特工程事务所)

图 7.29 帕泰拉大楼

(主结构中的跨中结点有一种三铰只受拉连接。在重力荷载作用下连接失去作用，结点整体表现为铰接；在风浮力作用下，只受拉连接起作用，连接成为刚性的。这种方法保持受横向约束的结构下部弦杆在所有荷载条件下均受压)(摄影：安东尼·亨特工程事务所)

在这方面，它与水晶宫类似。

7.2.3.6 结论

在本节所讨论的多数情况中,建筑物几乎都是只由结构所组成,其形式是由纯技术标准决定的。因此固有的建筑美感是由对于“纯”技术结构形式的评价所构成的。这些真正的高科技结构类型,特别是大跨活性模式结构被许多人认为是漂亮的,极其令人满意的。比林顿[1]甚至认为可以将它们看作是艺术形式的典型范例,这一问题最近已被霍尔盖特[2]做了论证。然而,对于那些用技术知识评价结构形式的人,不管这种形式看起来多么漂亮,由纯技术考虑所形成的形状是否能够被看成是一件艺术品,仍然是令人质疑的,虽然这个问题可能不重要。

7.2.4 结构产生建筑形式/结构被接受

结构产生建筑形式/结构被接受的范畴被用于描述结构与建筑形式之间的关系,允许结构要求强烈地影响建筑物的形式,即使结构本身不一定是裸露的。在这类关系中,采用了结构上最合理的构件设置,并且使建筑适应这种设置。为什么这两种情况不同呢？一方面,这是因为建筑形式与结构两方面的密切联系程度会发生相当大的变化,有时可以非常肯定地采用结构形式形成建筑风格。另一方面,即使建筑物的整体造型可能已被确定能够充分满足结构的要求,人们的建筑兴趣可能仍在其他方面。

罗马古迹的拱形结构就是这两种可能性关系中的第一种实例。罗马帝国的王宫和浴室的宽敞室内空间是当时建筑艺术中主要的辉煌成就，也是属于西方建筑中最大的室内空间，屋顶是砖石材料或不加钢筋的穹顶组合结构，见位于罗马的万神庙(the Pantheon)、君士坦丁巴西利卡（The Basilica Constantine）和罗马的拱顶构造系统（图 7.30 ~ 图 7.32)。当时，缺乏能够抗拉的结构材料决定了人们要采用受压活性模式结构来实现所需要的大跨度。通过将拱顶和穹隆放在很厚的高墙顶上以抵抗在墙头产生的侧向推力，人们可以创造极其壮观的宽敞的内部空间。

罗马建筑师和工程师很快懂得墙不一定都要做成实心的，因此他们发明了带孔的墙，这样就可允许用最少的材料建造又大又厚的墙体。拱顶和穹隆下面两边的藻井也是一种用来减少所用材料的体积和重量的设施。在这些拱顶结构中形成主空间的墙是具有“改进型”截面的半活性模式构件。它们承担由它们支撑的拱顶重量所产生的轴向荷载和因拱顶的侧向推力所产生的弯矩。

无论是在墙上留洞还是在拱顶上做藻井都被罗马帝国的建筑师用来创造一个有着与众不同的室内空间的建筑。罗马的万神庙（图 7.30）是最好的实例之一。在这座建筑物中，拱顶下端两边的藻井布置有助于增加内部的表面尺度，支撑拱顶的鼓形柱座墙中的洞和槽创造了一种仿佛墙面消失、拱顶浮在地面上空的幻觉。

这种技术在浴室和巴西利卡的设计中得到了进一步发展(图7.31)。充分利用结构体系所提供的可能性,创造内部空间,以产生出引起人们极大兴趣的和多样化的空间。在这些建筑物中还采用了横断交叉拱的方法——主要是因为技术原因而不是结构原因。这样做的目的是为了通过顶部窗洞使更多的光线射进较暗的房间,从

---

[1] D. P. 比林顿,《罗伯特·马亚尔》(Robert Maillart), MIT 出版社,剑桥,马萨诸塞,1989 年。

[2] 见 A. 霍尔盖特,《结构设计的艺术》(The Art in Structural Design), 卡尔登出版社,牛津, 1986 年; A. 霍尔盖特,《建筑形式的美学》(Aesthetics of Built Form),牛津大学,牛津,1992 年。

图 7.30 罗马万神庙

（罗马，公元2世纪。半圆形混凝土屋顶被支撑在也是由混凝土制成的圆柱形鼓筒上。屋顶和鼓筒由藻井或不同形式的空隙“改进”了的厚截面组成，这些技术设施与室内的装饰布置相结合）

图 7.31 君士坦丁巴西利卡

（罗马，公元4世纪。内部主要空间的拱顶屋面被支撑在非常厚的墙上，墙上巨大的带有穹顶天花的空洞可以减少材料的用量，并用来产生各种各样的室内空间。正如在万神庙的情况一样，这座建筑的技术和视觉布置方案被完美的融合在一起）

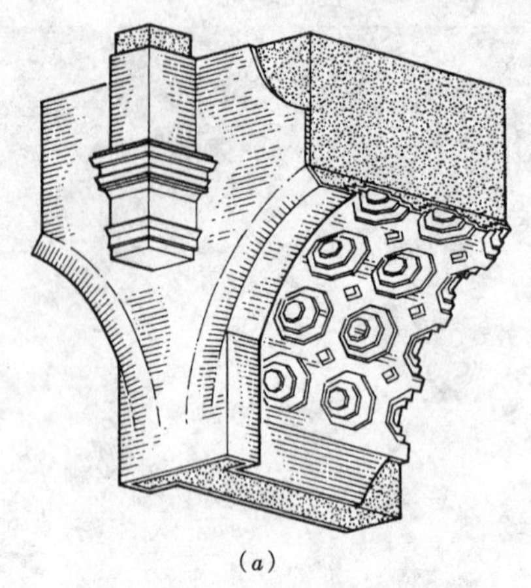

(*a*)

(*b*)

图 7.32 罗马拱顶的构造系统

(罗马拱顶最大的室内空间是用不加钢筋的混凝土建造形成的，混凝土被放在由砖砌的较薄的壳层中，作为永久性模框。然后在结构骨料表面贴上大理石，形成一个豪华的内部空间。尽管结构要求决定了建筑物的整体形态，但结构的各部分都是看不见的)

而在高的楼层上创造一个墙体平面。

因此，罗马帝国的穹顶结构是一些结构原因所需要的特色与建筑的审美范畴相交融的产物，这些特征与建筑美学价值相融合。这并不是在歌颂技术，而是人们想像性地利用了必要的技术。

许多20世纪的建筑师试图产生一种遵循相同原理的现代建筑艺术。其中 一个最积极的认为结构产生建筑形式的倡导者是勒·柯布西耶,他所喜爱的结构技术是非活性模式钢筋混凝土平板结构技术。这种平板能够同时跨在两个方向上,并且能够在周边柱之外形成悬臂。在他的一张著名设计图中,他表达了这种结构作用效果(图 7.33),在《新建筑的五个特点》(Five points of a new architecture)[1] 一书中，勒·柯布西耶阐述了结构作用有可能产生的建筑机遇。

[1] 勒·柯布西耶,《新建筑的五个特点》,巴黎,1926年。

勒·柯布西耶在他的许多建筑物设计中都采用了这种方法。原型实例或许是萨伏伊别墅（Villa Savoye）（图7.34），它是20世纪现代主义建筑的视觉词汇中所表达的一座最重要的建筑。正如在罗马古迹中一样，结构和与结构相关的优越性在这里得到了充分的体现。勒·柯布西耶后期的建筑如马赛公寓（the Unité d'Habitation at Marseilles）或里昂（Lyon）附近的拉土雷特修道院（monastery of La Tourette）表现了类似的结构与审美范畴的融合。

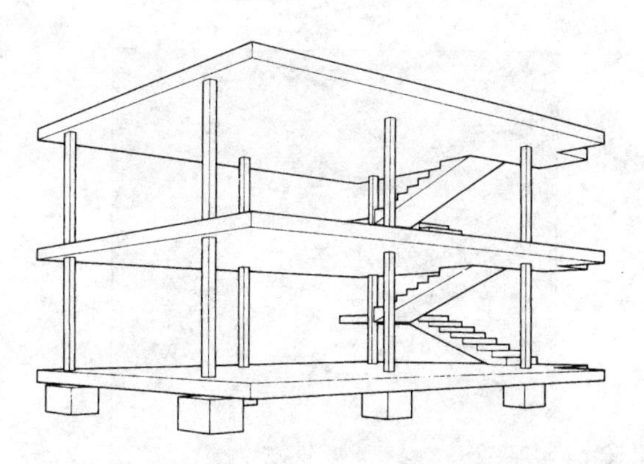

图7.33　多米诺住宅（建筑师：勒·柯布西耶。钢筋混凝土所提供的结构连续性的优势被出色地体现在1914年建成的该别墅的结构中。双向跨薄楼板被直接支撑在柱网上，楼梯在两个主方向上提供支撑）

20世纪20年代和30年代在美国建造的"现代主义的（Modernistic）"［与现代式的（Modern）相对立——见赫克斯苔布尔（Huxtable）］❶ 摩天大楼，如克莱斯勒大厦（Chrysler Building）（图7.35）和帝国大厦（Empire State Building）均是采用这种方法的更多实例，但并不是新结构技术的展现，在结构方面，应属于多层框架。尽管这些建筑物的建筑处理方案比勒·柯布西耶采用预先具有的建筑词汇表达的方法更传统，然而它们是新颖的形式，拥有它们所依赖的独特的结构技术。

图7.34　萨伏伊别墅

（普瓦西，法国，1931年；建筑师：勒·柯布西耶。这座建筑的钢筋混凝土结构骨架构件在很大程度上决定了它的整体造型。然而，与勒·柯布西耶寻求适宜于"机器时代"的视觉词语相关的许多其他因素对于该建筑物的最终外形都有影响）［摄影：安德鲁·吉尔摩（Andrew Gilmour）］

另一个采用革新结构（尽管没有被公开表达过）的20世纪初期的实例是由贝特

❶ A. L. 赫克斯苔布尔，高层建筑再思考：摩天大楼形式研究（The Tall Building Reconsidered: The Search for a Skyscraper Style），万神庙出版社，纽约，1984年。

图 7.35 克莱斯勒大厦
［纽约，美国，1930年；建筑师：威廉·凡艾伦（William Van Alen）。尽管现代主义的摩天大楼如克莱斯勒大厦的整体造型都由钢框架结构决定，但视觉处理则不然］［摄影：彼得拉·霍奇森（Petra Hodgson）］

霍尔德·吕贝金（Berthold Lubetkin）和奥韦·阿茹普设计的伦敦1号高端大厦（the High-point 1 Building in London）（图7.36）。这里，结构是“连续的”由钢筋混凝土墙和板组成的梁-柱布置形式。没有梁，只有很少的柱，这是它的一个明显的革新特点。这种系统提供了很大的设计自由度：凡是需要开洞的地方，洞上面的墙都可用作为梁。当然结构实效的程度不高，但对于所用跨度来说是完全适合的，结构的其他方面如耐用性也是十分令人满意的。建筑方法也富有创造性。结构被现场浇筑在一个可重复利用的活动木模板上（也是由阿茹普设计的），因此这座建筑代表了一种新的建筑思想与结构和施工革新技术的和谐融合，然而所用的建筑语言是慎重的，没有对这些革新技术特点进行过分的描述。

20世纪后期对于结构技术的积极认可而不是表达的实例是由建筑师福斯特事务所和结构工程师安东尼·亨特工程事务所设计的英国伊普斯威奇市的维利斯、弗伯和杜马斯办公大楼(图7.37)。而且结构的基本类型与勒·柯布西耶的构图(图7.33)相同,在曲线设计图(curvilinear plan)中,充分利用了它的体量,即在内部提供大型无墙空间,楼板朝边柱外悬挑。建筑物有一个屋顶花园,立面图和平面图的自由非结构处理与勒·柯布西耶的“五个特点”相吻合。

由福斯特和亨特设计的另一个建筑实例是在科舍姆(Cosham)的IBM英国总公司临时办公楼(Pilot Head Office for IBM UK)(图7.38)。这是打算作为IBM公司的临时英国总部办公地点,它位于正在施工中的永久性办公楼附近。在进行设计时,IBM与许多当时快速发展的公司一样,主要是有效利用各种木框架轻型建筑,并认为这种住房最适合于总公司临时办公用。公司委托福斯特设计事务所提出最适合的现有的专用系统报告,并对建筑物的布置进行现场指导。这种可能性的确被考虑了,但福斯所推荐的解决方案是根据轻质工业部件进行现场设计建筑物的方案,正是这个方案最终被采纳了。

由于需要在建造成本和速度上与轻便建筑选择方案相竞争,又由于地基条件比较差(工地过去是一个垃圾填埋场),因此技术方面的因素对于设计起着主要的影响。结构设计对于工程的成功至关重要。安东尼·亨特考虑用长桩[40ft(12.2m)]达到坚硬的岩层，但这意味着独立基础的数量将减少到最小，所形成的大跨结构建造缓慢，建设费用昂贵。另一种方案是采用与“浮”在承载能力低的次岩层上面的刚性基础相连接的短跨结构。考虑了一系列这样的系统，受推崇的系统是用轻质三角形大梁进行布置，三角形大梁在屋顶层创造了一个组合结构和服务区，屋顶层在空间利用方面对于提供所需要的灵活性是非常重要的(图7.39)。

(*a*)

(*b*)

图7.36　1号高端大厦

（伦敦，英国，1938年；建筑师：贝特霍尔德·吕贝金；结构工程师：奥韦·阿茹普。这座建筑物的结构是由适合于矩形形状的钢筋混凝土组成。视觉处理和与结构相连的技术因素同样都受到在视觉上适合于现代建筑风格思想的影响）[摄影：A.F.克斯廷（A.F. Kersting）]

图7.37　维利斯、弗伯和杜马斯办公大楼

[伊普斯威奇，英国，1974年；建筑师：福斯特设计事务所；结构工程师：安东尼·亨特工程事务所。这座建筑可看作是相当于萨伏伊别墅（图7.34）之后的现代建筑。结构、空间设计和视觉处理之间的关系在两座建筑物中都相似][摄影：约翰·多纳特（John Donat）]

图 7.38 IBM 英国总公司临时办公楼

（科舍姆，英国，1973 年；建筑师：福斯特设计事务所；结构工程师：安东尼·亨特工程事务所。因为打算作为临时住房，福斯特和亨特设计了一座在建造成本和竣工期限上与那些临时建筑物一样的漂亮建筑，这正是客户最初所设想的房屋。采用的建筑形式在很大程度上是由结构要求所决定的）（摄影：安东尼·亨特工程事务所）

图 7.39 IBM 英国总公司临时办公楼

（科舍姆，英国，1973 年；建筑师：福斯特设计事务所；结构工程师：安东尼·亨特工程事务所。该结构是一个带有轻质三角形梁构件的钢框架，在屋顶层产生了一个组合结构和服务区，这对满足内部空间灵活使用的要求是至关重要的）（摄影：安东尼·亨特工程事务所）

IBM英国总公司临时办公楼几乎在所有方面都是成功的。它提供给客户一座与众不同的漂亮建筑，对于各级职员都是一个舒适的工作场所。它比起设计者原先设想的轻便建筑组装房，毫无疑问更能满足客户的需求。这座建筑成功的方面还在于：尽管只打算将其作为3~4年的临时用房，但在永久性办公楼建好后，它仍然被公司保留着，作为独立的研究单位用房。

轻型钢结构系统的选择对于IBM办公楼的成功是极为重要的。它是享有专利的Metsec构件的简单组装。组装过程即经济又可以现场快速安装，除了叉车外，勿需大型的机械设备。这种在速度和经济上的优势使得该建筑物比其他类型的建筑物更富于竞争性。结构没有形成很大的裸露构件，因为大部分构件都被装饰构件所掩盖。然而，它的确对建筑物的最终造型起主要影响。因此，这属于结构产生建筑形式而不是结构作为建筑的范畴。

人们对于IBM英国总公司临时办公楼的建筑兴趣主要表现在所采用的不同部件方面，特别是装饰部件如玻璃外墙等细节方面的典雅的布置方式。因此，尽管经济上需要生产一种能够非常快速建造的轻质结构，并且这种需要在决定建筑物的整体形态方面具有重大的作用，但结构与建筑形式之间的关系在这里并不像罗马古迹的穹顶建筑物或维利斯、弗伯和杜马办公楼中的那样重要，在那些建筑中，最终形体表达了构成结构的材料性能。

在IBM英国总公司临时办公楼中，结构与建筑形式的关系不像在本节所描述的其他建筑物那样直接，因此需要定义一个不同的术语，即结构被接受，或许它能描述这种关系。在这种关系中，尽管结构形式是正确的，但建筑兴趣与结构功能并没有密切的关系。这是一种结构与建筑形式之间的关系，这种关系通常可在当代建筑中体现，也可引用无数其他的实例。事实上，自从意大利文艺复兴时期起，它就成了结构与建筑形式之间的首要关系(见7.3节)。

7.2.5　在设计建筑形态的过程中被忽略，没有成为建筑美学设计的一部分

自从钢和钢筋混凝土结构技术发展以来，人们已经有可能在设计建筑物时不用考虑它们是如何被支撑或建造的，至少在设计过程的初级阶段是这样。这是因为钢和钢筋混凝土的强度特性决定了在实际中可以建造任何一种建筑形式，除非所建造的形体太大和经济条件达不到。这种可能性表明结构技术对建筑具有重大的贡献，虽然这种贡献常常不被人认可，它却使建筑师摆脱了需要用砖石材料和木材支撑建筑的约束。

在19世纪末叶，人们将钢和钢筋混凝土引进建筑物中，在这之后的大部分时期，在工业化世界中占据统治地位的建筑是国际现代主义建筑（International Modernism）。这个时期的大多数建筑师都相信合理主义(rationalism)的原则，认为建筑物应该是构造的，即他们认为视觉词汇应当从建筑物的结构骨架中产生，或至少与结构骨架有直接的关系，结构骨架应该用合理的方法来填加。这种做法的结果是多数建筑物的形式相对来说是直接按结构的要求进行的——建立在梁-柱框架的几何形体基础上。

赞同使用简单形式的另一个因素是非常复杂的形式的设计和建造既耗力又耗资，因此阻止了人们对拥有潜力的新材料的充分利用。当然也有例外。位于波茨坦的埃里希·门德尔松的爱因斯坦天文台(图iii)，乌得勒支市(Utrecht)的赫里特·里特韦尔的

施罗德住宅(Gerrit Rietveld's Schroeder House)和在龙尚市的勒·柯布西耶设计的朗香教堂(Notre-Dame-du-Haut)(图7.40)都是成功的实例,尽管它们具有与结构功能无关的复杂形式,但它们比较小的规模意味着在各种情况下采用一种支撑这类形式的结构骨架是不困难的,特别是在雕塑作品中。

图7.40　朗香教堂

(龙尚,法国,1954年;建筑师:勒·柯布西耶。结构因素在决定这座建筑物的造型上具有很小的作用。它的规格小,加之用于屋顶的钢筋混凝土的结构优势意味着它能很容易地被建造)(摄影:P. 麦克唐纳)

20世纪后期计算机的出现使建筑师几乎无任何限制地进行各种形式的设计,计算机一开始是作为结构分析的一种工具,随后作为设计助手,允许人们对非常复杂的形式进行描述,对切割和制造过程进行调节。这是20世纪末导致建筑上非常复杂的几何形体出现的主要因素。一个杰出的实例是位于西班牙毕尔巴鄂市古根海姆博物馆(Guggenheim Museum in Bilbao, Spain),这是由弗兰克·盖里设计的一座极其复杂和壮观的建筑物。

蓝天组(Coop Himmelblau)的沃尔夫·普里科斯(Wolf Prix)是另一个充分利用计算机进行自由设计的20世纪末叶的建筑师,他曾讲到:

"……我们想保持一个不受一切材料限制的设计时刻……"❶

"在开始阶段,结构设计从来就不是立刻优先考虑的……"❷

伟大的独创性常常是那些构思建筑物的结构方案的工程师所必须的,他们应该用单纯的雕刻艺术的方式进行房屋造型的设计。由于支撑自由造型屋顶的结构极为简单,朗香教堂的创意是相当独特的。建筑物的墙是由白色石料支撑的,在墙顶和屋顶内侧有一个空隙,允许少量的光线射入室内,这在建筑上是非常重要的。因此,墙不承担屋顶的重量。

向上弯曲和挑出去的屋顶是由钢筋混凝土薄壳形成的,薄壳掩盖了整体和常规的梁柱钢筋混凝土框架。小截面的钢筋混凝土柱被镶在规则网格的砖石墙中,支撑着横跨在建筑物上的梁,同时柱顶支撑着掩盖建筑物边角的屋顶壳。因此,尽管建筑物的整体形态与它在结构上的功能没有联系,在它内部则有一个令人满意和相对简单的结构体。

在近期时代,至少就结构与建筑的关系而言,在解构主义建筑师的作品中发现了一种类似于勒·柯布西耶在朗香教堂采用的方法。蓝天组设计的维也纳屋顶办公楼(图1.11)或弗兰克·盖里设计的位于巴塞尔市的维特拉设计博物馆(Vitra Design Museum)(图7.41)都是比较明显的结构组织实例。丹尼尔·李伯斯金(Daniel Libeskind)设计的柏林犹太人博物馆(Jewish Museum in Berlin,图7.42)也采用了相同的方法。李伯斯金设计的伦敦维多利亚与艾伯特博物

---

❶、❷ 引自《在边缘》(On the Edge),这是沃尔夫·普里科斯关于P. 内佛(Noever, P.)的著作[《传统中的建筑:解构主义和新现代主义》(Architecture in Transition: Between Deconstruction and New Modernism)]中的一篇评论,普雷斯特尔出版社,慕尼黑,1991年。

图7.41　维特拉设计博物馆

（瑞士，1989年；建筑师：弗兰克·盖里。从技术角度看，这类建筑形式代表一种挑战。钢筋混凝土和钢等当代材料的采用使它们的建造成为可能。然而这类工程的规模是比较小的）（摄影：E & F. 麦克拉克伦）

图7.42　犹太人博物馆

（柏林，1999年；建筑师：丹尼尔·李伯斯金建筑设计院。采用钢筋混凝土结构框架既允许创造一个高度浮雕型的整体形态，又可在外部的非结构覆盖面的处理上获得高度的自由）

馆(the Victoria and Albert Museum)的扩建(图7.43和图7.44)和曼彻斯特新帝国战争博物馆(the new Imperial War Museum in Manchester)的复杂几何形体则要求更为复杂的结构布置。

在不用求助于结构要求进行建筑形式设计时,必须考虑两个重要因素。第一,结构形式几乎都是非活性模式的,因此必须抵抗弯曲型内力;第二,所产生的内力值相对于结构所承担的荷载来说有可能会很高。这两种因素均意味着结构材料的利用率将会很低,需要产生足够强度的构件尺寸将会很大,这种情况往往使结构粗大笨重。

图7.43 维多利亚与艾伯特博物馆的扩建

(伦敦,英国,1995年~;建筑师:丹尼尔·李伯斯金建筑设计院;结构工程师:奥韦·阿茹普工程事务所。结构方面的考虑对于这座建筑物的原始设计影响不大)

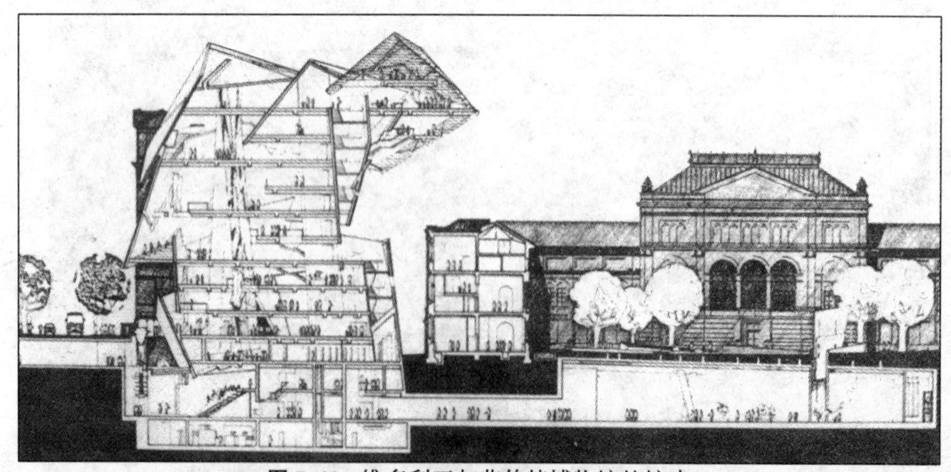

图7.44 维多利亚与艾伯特博物馆的扩建

(伦敦,英国,1995年~;建筑师:丹尼尔·李伯斯金建筑设计院;结构工程师:奥韦·阿茹普工程事务所。剖面图表明该结构是一个相当传统的梁柱框架。工程的小型规模、现代结构材料的突出特性和结构连续性的合理利用使这种复杂的建筑形式得以实现)

尺度影响也会发生，因为即使结构的尺寸增加，结构材料的强度也保持不变。正如在第6章讨论的一样，所有结构形式，不管它们的形状如何，都随跨度增加而实效降低。当材料的强度已经被充分用于支撑结构的自重时，某一结构形式的最大跨度就会产生。如果因为所采用的形式是没有按照结构要求进行设计的，这种形式基本上是无效的，则最大可能的跨度是相当小的。

因此，如果要采用大跨度，在确定建筑物的形式时忽略结构问题则会有危险。已经提到的建筑物的小型规模意味着这类建筑物的内力不是很大，不必要采用过大的截面。埃诺·沙里宁设计的纽约艾德威尔德机场（Idlewild Airport，现在为肯尼迪机场）的环球航空公司候机楼（TWA Terminal）（图7.45）同样没有太注意结构的逻辑性。尽管建筑物的屋顶是一个钢筋混凝土壳，它却不是活性模式形状。建筑形式是由视觉因素而不是结构因素考虑的，并且因为它比朗香教堂大，在结构上的难度就更大。这些困难是通过修改原始设计以增加最大内力位置上壳的强度来解决的。

图7.45　艾德威尔德机场的环球航空公司候机楼

［纽约，美国，1962年；建筑师：埃诺·沙里宁；结构工程师：安曼（Amman）和惠特尼（Whitney）。其形状从结构角度讲是非常不理想的，在内力大的位置上需要增设很厚的加劲肋。因此，结构的实效性很差，但由于跨度比较适中，所以建造也是可能的］（摄影：R. J. 梅因斯托恩）

约恩·伍重（Jorn Utzon）设计的悉尼歌剧院（Opera House，Sydney）是另一个这类建筑的实例（图7.46）。这座建筑规模很大，因此在确定结构形式时，不可能完全不顾结构和施工方面的因素所带来的后果。在整个过程中，该建筑的形体不得不因施工原因而发生根本性的改变，在建筑师辞职后，建筑商不得不延期施工，其成本比最初预算的要高得多。然而，在极大的政治冲突中，这座建筑物被建成了，并且成了代表悉尼的明显标志（如果不是代表全澳大利亚的话），如同埃菲尔铁塔（Eiffel Tower），英国议会大厦钟塔上的大本钟（Big Ben）或自由女神像（the Statue of Liberty）都已经成了代表其他著名城市和它们各自国家的象征。假设伍重的最初设计在结构上存在问题，那么尽管在原始设计中，奥韦·阿茹普在解决这些结构和施工方面的问题时所用的专门技能是无可非议的，悉尼歌剧院是否称得上一个好的建筑仍然是

图7.46　悉尼歌剧院

（悉尼，澳大利亚，1957～1965年；建筑师：约恩·伍重；结构工程师：奥韦·阿茹普工程事务所。上图表示该建筑物的最初竞选方案，该方案经证明是不可能建造的。最后的设计方案被许多人认为在外观上不太令人满意，尽管它在结构上是合理的。这座建筑物与图7.41～图7.45中建筑物之间的主要不同在于建筑规模上）

一个值得争论的问题。这座建筑物可作为一个警钟，它告诫建筑师在确定建筑形式时切勿忽略了结构上的要求，否则其结果可能是最终形体将不同于最初构思的形体，因为有多种因素是他们无法控制的。在确定建筑形式时不考虑结构上的合理性，这种情况只有在短跨建筑物中才有可能。蓝天组、盖里和李伯斯金最近的建筑物的成功恰恰说明了这一点。

在本节讨论的所有建筑物中，结构的出现都是为了起到支撑建筑物外壳的常规职能。在这类建筑中，结构工程师的作用是一个促进者——使建筑物建造起来的人。然而，不应该认为结构界在20世纪后期时髦的自由形体建筑物的演变中不起什么作用。正是20世纪发展起来的结构技术才使得这种建筑成为可能，才使建筑师自由地采用在先前世纪不可能实现的几何形体。

7.2.6 结论

本节复习了结构与建筑形式之间的相互作用关系，并且说明这种作用可以采用不同的方法进行。人们希望为这种关系所确定的几种分类能够有助于理解构成建筑设计的过程和相互作用，不管它们可能具有多大的人为因素。

结构与建筑形式之间的关系从大的方面分为六类，可以认为它们是以不同的方式进行组合的，这可以对设计过程作进一步的阐述。还可以把不同的关系类型细分为两大类——结构裸露和结构隐藏。有三种结构裸露关系：经过装饰的结构、结构作为装饰物和结构作为建筑。结构隐藏也包括两类：结构产生建筑形式/结构被接受以及结构被忽略。

最初的六类结构又可以考虑分成两类，即结构被看重和结构不被看重。在结构被看重一类中，采用的建筑形式是根据技术标准判断时表现良好的形式，而在结构不被看重一类中，确定建筑形式时很少考虑对结构的要求。第一种分类常常包括经过装饰的结构、结构作为建筑、结构产生建筑形式和结构被接受。第二类常常包括结构作为装饰物和结构被忽略。

在这种分类所涉及结构与建筑形式之间可能存在着的各种各样关系的第二种方式中，主要考虑的是建筑师与结构工程师之间的合作类型，这是建筑史上一个非常有趣的方面。如果尊重结构，建筑师和结构工程师就必须在设计建筑物时采取积极合作的态度。这时，结构工程师是参与建筑物造型设计的队伍中的一员。如果这种关系属于结构不被看重的分类，则工程师只能是一个技术员——一个从事如何建造一种已由他人决定了几何形体的人。

7.3 建筑师与结构工程师之间的关系

人们总是要求建筑师与那些具有建造技术专长的人进行合作。这种关系表现出多种形式，任何时候起作用的关系形式总是影响着结构与建筑形式之间的相互作用。

在希腊和罗马古迹中,为了建造一个结构要求和建筑要求都非常积极地吻合在一起的建筑物,地位相当的建筑师与结构师之间的关系肯定是非常密切的。这个时期,建筑师和结构师在许多情况下往往都是同一个人——建筑匠师(master builder)。这种方法论产生了一些欧洲古典传统的最伟大的建筑物,而且总是属于结构被看重的范畴。经过装饰的结构产生了希腊神庙(图 7.1)和罗马凯旋门。结构产生建筑形式是在创造罗马帝国的宽敞内部空间中所存在的一种关系,如万神庙(图 7.30)和君士坦丁巴西利卡(图 7.31)。在每个实例中,结构与建筑形式之间的关系都是积极的,建筑是从满足结构的需要中产生的。它意味着那些负责建筑物技术构造的人也在决定建筑质量和兴趣方面具有重要的作用。

建筑师与结构师之间的这种关系一直保持到中世纪,在这期间产生了哥特式建筑物,它们被看成是经过装饰的结构的翻版,但它在意大利文艺复兴时期几乎消失了。

例如，安德烈亚·帕拉第奥工作时是个石匠，对他所掌握的技术非常自信，设计的伊莫别墅（Villa Emo）从结构观点看既实用又合理（图7.47)。然而它们属于结构被接受而不是结构产生建筑形式的范畴，因为他对建筑的兴趣在于构思建筑物缩影和采用和谐的比例、空间的层次排列和创造性地应用古典装饰形式。但是建造建筑物时所采用的方法则与这种思路关系不大。

在西方建筑中，从意大利文艺复兴到现代的大部分建筑物均属于这类范畴。重要的是在这整个时期,主要结构材料均为

(*a*)

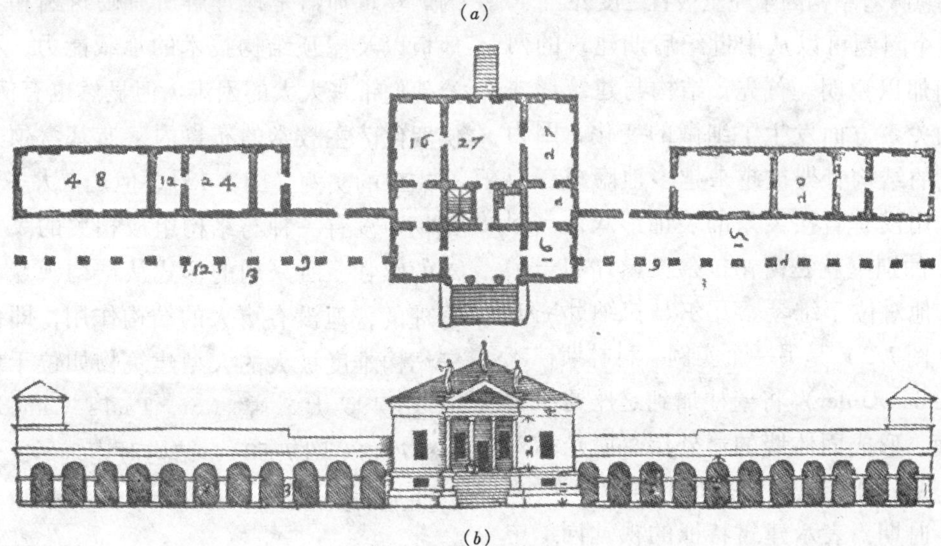

(*b*)

图7.47　伊莫别墅

(凡佐罗，意大利，1564年；建筑师：安德烈亚·帕拉第奥。结构要求对于这座砖石和木建筑物具有强烈的影响，但建筑兴趣则不然)

图 7.48　圣保罗大教堂

[伦敦，英国，17 世纪；建筑师：克里斯托弗·伦爵士（Sir Christopher Wren）。在处理穹顶和外墙时，在视觉方面没有反映结构布置]

砖石和木料。这会产生各种各样的结构问题[1]，迫使建筑师采用从结构观点上看是合理的结构形式。因此结构要求不得不受到尊重，但在大多数建筑物中，建筑兴趣不在这方面。这意味着结构因素完全被置之度外。

这个问题可以从中世纪后期建筑的两个方面加以说明。首先，结构与建筑形式之间的关系方面发生了细微的变化，因为建筑物的结构骨架被越来越多地隐藏在与结构作用没有直接关系的装饰形式内。图 7.47 中的别墅就是由帕拉第奥设计的一个实例。他对位于维琴察瓦尔马拉纳邸宅的设计（图 7.2）是另一个实例。科林斯柱式（Corinthian Order）将壁柱加到这座建筑物的正面，形成固体墙的薄外层。墙是结构构件，壁柱具有象征意义而不是结构作用。在那一时期，表示建筑特征的视觉词汇中具有结构作用的构件开始减少，使得结构问题与审美范畴相脱离。同时这对所形成的建筑师与那些负责结构设计的结构师之间的关系类型产生更深刻的影响。

从意大利文艺复兴以后发生的第二种变化是大多数建筑物在结构上都是不太大的。建筑师清楚地理解所有砌筑墙和木质地板以及屋顶结构技术的承载能力，不会给他们带来太大的困难。但显然也有例外，佛罗伦萨主教堂的布鲁内莱斯基穹顶是一个杰出的实例（图 7.13），但是在大多数建筑物中没有一种与结构组成相关的令人心动的感觉。所采用的形式从结构观点看是合理的，但没有更大的结构作用，即使对于结构难度极大的大型建筑物如位于伦敦的圣保罗大教堂（St, Paul's Cathedral）（图 7.48 ~ 图 7.50），结构对建筑形式也没有明显的贡献。

---

[1] 见 A. J. 麦克唐纳著《建筑的结构设计》第 5 章和第 6 章中关于这些问题的讨论。

图7.49　圣保罗大教堂

（伦敦，英国，17世纪；建筑师：克里斯托弗·伦爵士。建筑剖面图表明结构布置常有高的中央教堂正厅和飞扶壁，扶壁承担由砌筑穹隆产生的侧向推力。结构作用被隐藏在外墙后面，外墙的上半部分是一个非结构屏蔽）

例如，该建筑物的石砌外墙形成一个墙纸型屏蔽，包裹着建筑物心墙，这与它的结构组成关系不大。建筑物的截面类似于中世纪哥特式教堂的截面，是由巨大的拱顶中殿组成的，两边是低侧厅，由飞扶壁为拱顶提供支撑（图7.49）。这些结构在外面都看不见，也没有任何暗示。

在圣保罗大教堂穹顶的设计中也存在着一种从视觉方面看是非耦合的现象，在设计穹顶时，并不要求建筑物的内外立面相互联系。穹顶以三层形式建成（图7.50）。内部可以看见的部分是自支撑结构——一种半活性模式砌筑半球壳。在外部，穹顶的立面在结构上呈完全非连接状态。结构是一个砖砌鼓座，它被完全隐藏起来了，直接用来支撑穹顶顶点上的石穹顶。穹顶的外立面是一个轻质层，被支撑在一个从结构中心悬挑出去的木框架上。砌体鼓座承担主荷载——穹顶的重量，并与活性模式形状相一致，但它的形状与在建筑内外所看见的穹顶形状没有联系。因此，圣保罗大教堂的外部建筑，包括外墙和穹顶建筑在外观上与支撑它的结构没有联系。

在19世纪末，建筑形式与结构设计之间的距离或许是最大的，可以用伦敦圣潘克拉斯车站（St Pancras Station）的建筑物加以说明。这座由W. H. 巴洛和R. M. 奥尔迪西设计的车站是那个世纪最大的铁和玻璃穹顶（图7.51），它是用铁结构新技术建成的典型的建筑物，被斯格特（Gilbert Scott）设计的具有高度维多利亚哥特式风格的内陆饭店（Midland Hotel）主体结构所掩盖（图7.52）。这两座建筑物各自都是很好的实例，但它们表现了两个不同的世界。火车棚的建筑特性未被认识，它仅仅被看作是一个模糊的工业产品，需要但却不漂亮，伦敦市民只是在读罗斯金的北意大利哥特式建筑作品的散文时才看到它。

在圣保罗大教堂和圣潘克拉斯车站所看到的建筑形式与结构设计在视觉上的不连续性清楚证明了从意大利文艺复兴以来西方的建筑师所采用的方法。尽管建筑师们仍然对结构感兴趣，但只是把它看作是实现建筑形式的一种手段，这种建筑形式是从离技术因素相距甚远的思想中产生出来的。这种对于建筑的处理方法在20世纪后期随着钢和钢筋混凝土结构技术的发展变得更加容易，它被用于许多20世纪的现代建筑中。钢和钢筋混凝土比木料和砌体材料有更好的结构性能，使建筑师从注意结构要求的需要中解放出来，至少在无法突破技术限度的情况下是如此。这使得在20世纪有可能出现一种新的结构与建筑形式之间的关系——结构被忽略。

审美范畴与技术范畴相分离的结果，即建筑学与建筑物之间的区别的形成使建筑师不再与负责结构设计的结构师进行真正的合作来产生建筑形态。后者成为技术

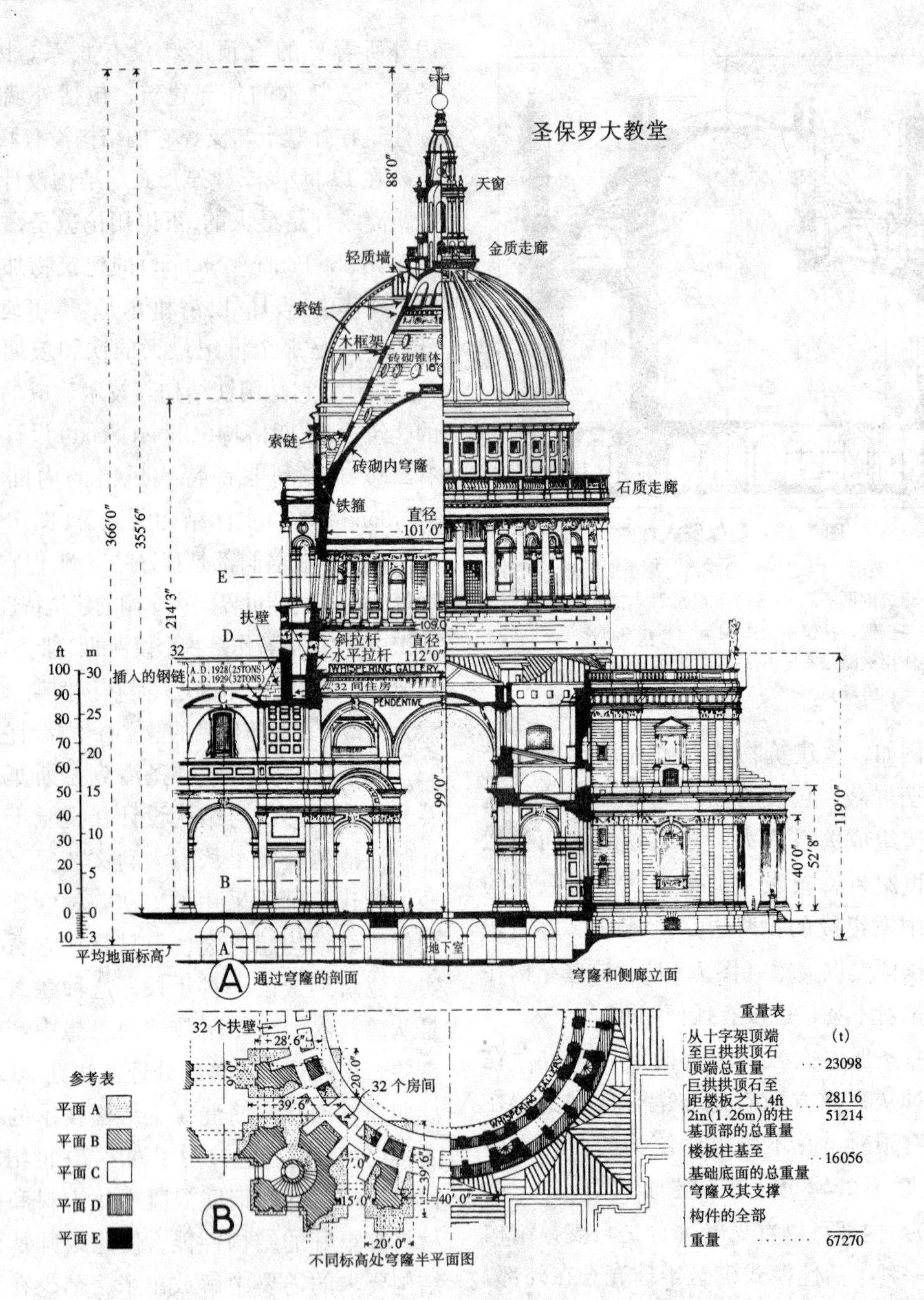

图 7.50 圣保罗大教堂

（伦敦，英国，17 世纪；建筑师：克里斯托弗·伦爵士。穹隆有三部分。最里面的一部分是一个自支撑砌筑半球。外层被放在一个结构上的砖砌鼓座的木框架上）（选自《弗莱彻建筑史》）

人员，负责保证建筑物的技术性能得以满足，但对其外部形态没有创造性的作用。

一些著名的早期现代建筑师对构造学很感兴趣，即对将建筑物组合在一起的基本构件的建筑学表达方式很感兴趣，这促使建筑师与结构师之间形成更多的合作关系。然而建筑师与结构师之间的这种关系“现状（status quo）”仍被保持着，建筑物的设计仍然由建筑师起主导作用，在设计队伍中由建筑师牵头，负责整个设计过程。现代主义建筑赞成合理分工（rationalism），但仍然背负着许多19世纪浪漫主义的沉重负担。这种情况特别明显的一个方面是建筑师被看作是一种英雄人物，按建筑评论的说法是“现代大师（Modern Master）”。因此，尽管建筑学在20世纪越来越依赖于结构技术和结构工程师的技能与专业知识，但多数建筑师仍然继续像意大利文艺复兴时期以来的情况一样，表现出他们是设计过程的主人，而把参与设计的其他人只是看作为技术人员。这种观点被大多数现代主义的评论家和史学家所赞同，他们不看重为现代美学打下基础的技术，对于发展技术的工程师不予认可。在由建筑师如瓦尔特·格罗皮乌斯、密斯·凡德罗和勒·柯布西耶等设计的现代主义初期的经典建筑物中，人们很少提到参与结构设计的工程师的姓名。

图7.51　圣潘克拉斯车站火车棚

（伦敦，英国，1865年；工程师：W. H. 巴洛和R. M. 奥尔迪西。19世纪的大型室内铁-玻璃组合的建筑特性在当时还没有被普遍认可）

工程师在建筑设计概念阶段的辅助性地位在整个现代时期一直保持不变，甚至今天，人们可以注意到在某些最有影响的建筑项目中，结构工程师的地位仍然被看作是从属性的。例如由建筑师弗兰克·盖里（图7.41）、扎哈·哈迪德（Zaha Hadid）或丹尼尔·李伯斯金（图7.43和图7.44）所设计的极其复杂的建筑形体给结构工程师提出了严峻的挑战，但他们仍然没有介入这种形体的最初确定。

然而，在20世纪的确出现了一种新型的建筑师与结构工程师之间的关系，建筑师与工程师积极协作，结构工程师在建筑物一开始就参与方案的设计。使这种情况有可能发生的催化剂是将构造学重新引入建筑论文中，从而引起人们对日益发展的黑色金属和钢筋混凝土结构技术的关注，并且从建筑观点重新审视许多19世纪的建筑，这些建筑还没有引起完全留恋于“复兴（revivals）”和“风格战斗（battles of style）”的当代建筑文化的注意。像19世纪中叶的水晶宫和大跨火车站棚一类建筑物被某些早期的现代主义建筑师看作是极其有趣的建筑特性。20世纪由铁路工程师所设计的类似建筑物被认为值得在建筑媒体中占有一席之地。由工程师欧仁·弗雷西内（图7.14）和皮尔·路易吉·奈尔维设计的飞机库（可以肯定地说，它们相当于20世纪的火车棚）因其建筑性能而备受人们称赞，由此产生出建筑师兼结构工程师的概念。建筑师兼结构工程师的出现［另外还有爱德华多·托罗哈，里卡多·莫兰迪（Ricardo

图7.52 圣潘克拉斯车站的内陆饭店

［伦敦，英国，1871年；建筑师：G. 吉尔伯特·斯格特（G. Gilbert Scott）。火车棚的形状不影响圣潘克拉斯车站的建筑意义］

Morandi)，欧文·威廉斯（Owen Williams）和现在的费利克斯·坎德拉（Felix Candela）和圣地亚哥·卡拉特拉瓦（Santiago Calatrava）]是20世纪建筑中的一个重大事件。所有这些人都在他们的时代享有最佳建筑师的盛名。

长期以来在建筑师和结构工程师之间存在的鸿沟，不是由那些作为建筑师的结构工程师而是由那些与建筑师一起工作的结构工程师所弥合的。他们继续保持着已被确立的工作模式，建筑师充当设计队伍中的领头人，结构工程师和其他技术专家起着辅助作用，对设计的视觉方面没有太直接和积极的作用。可以肯定地说，许多结构工程师非常喜欢这样的工作模式，把建筑的设计方面留给建筑师，并在适宜的环境下共同完成一个好的建筑物设计。

然而，在20世纪后期，也建立了一种不同的工作模式：建筑师和结构工程师保持着一种高度的合作关系，在设计队伍中建筑师、结构工程师、维修工程师和质检人员一道工作，和谐地进行建筑物的设计。在这种非常密切的工作关系中，所有专业人员均参与设计过程，体现出一种真正的合作精神。正是这样一种工作方式，使得称其为高技术的建筑风格成为可能，在这种风格中，结构与服务设施构成建筑物可视词汇的主要方面。

建筑师诺曼·福斯特、尼古拉斯·格雷姆肖、迈克尔·霍普金斯和理查德·罗杰斯与结构工程师特德·哈波尔德（Ted Happold）、托尼·亨特和彼得·赖斯之间的协作一直是非常有成效的。这种工作方法包括设计队伍定期举行讨论会，对设计中的所有问题进行研究。回顾整个过程，设计的最后成果在这种密切协作下一般不可能属于某一个人❶。

正是由于这种精神诞生了20世纪的经过装饰的结构［如信托控股公司大楼（图7.4）和滑铁卢国际铁路中转站（图7.17）］。这种形式已经在21世纪的一些建筑物中得以延续，如福斯特和安东尼·亨特共同设计的威尔斯国家植物园（National Botanial Garden of Wales）（图7.53），尼古拉斯·格雷姆肖与安东尼·亨特工程事务所合作设计的位于康沃尔（Comwall）埃登项目（Eden Project）（图7.54）。在后一种实例中（这在早期的滑铁卢大厦中也是一样），借助于计算机辅助设计这种现代化技术完成了复杂形体的设计。这类建筑是现代主义的一种流派，它一直保持到20世纪末，在这一时期，后现代主义和解构主义已经盛行（两种流派都是风格型典型代表，结构与建筑形式之间很少发生创造性关系❷）。

图7.53 威尔士国家植物园

（威尔士，英国，1999年；建筑师：福斯特设计事务所；结构工程师：安东尼·亨特工程事务所。这种革新式的单层穹顶是一种环形形状，用单跨钢管拱做成，具有不同跨度的正交连接构件。在钢结构中这种复杂的建筑形式在计算机辅助设计出现之前是不可能的）

采用设计队伍的方法设计出的建筑物

---

❶ 设计队伍的方法论是特别受安东尼·亨特偏爱的，他与所有重要的“高技派”建筑师一道工作；见麦克唐纳·A. J.，《安东尼·亨特》（Anthony Hunt），托马斯·特尔福德，伦敦，2000年。

❷ 大多数后现代主义建筑属于结构被接受的范畴，而解构主义建筑主要属于结构被忽略的范畴。

图 7.54　埃登项目
(康沃尔，英国，1999 年；建筑师：格雷姆肖设计事务所；结构工程师：安东尼·亨特工程事务所。通过计算机辅助设计使复杂的设计形式成为可能，这种复杂形式已经产生出了新一代的金属和玻璃结构)

通常被看作是“高技派”的设计。然而并不能这样简单区分，因为在高科技派中不仅只有一种结构与建筑形式之间的关系被发现。许多高科技派建筑事实上都是采用传统方法设计的，建筑师主要关注设计的视觉效果和风格，结构师的作用主要在于结构的技术细节上。正如已经表明的一样，类似蓬皮杜中心的楼房设计主要是被视觉概念所驱动的，这里，建筑师毫无疑问地被看作是设计队伍的领头人。

在出现真正的协作关系的时候，这种在古代和哥特时期存在的建筑与结构之间的思维关系被重新提了出来。在历史建筑中，这是以“建筑匠师”的形式存在的。今天的设计工作者采用一种真正协作的方式和计算机辅助设计的现代技术手段进行设计（如格雷姆肖和亨特对滑铁卢车站的设计），这相当于一种现代的建筑匠师。

目前建筑师与结构工程师之间有三种关系。在众多的现代建筑物中，占有统治地位的建筑师与结构工程师之间的关系是从意大利文艺复兴时期就已经建立的那种关系，即建筑师决定建筑物的形式和它的视觉概念，结构工程师主要作为技术人员，保证建筑物在技术上不出问题。这种建筑师与结构工程师之间的关系主导着现代主义建筑包括后现代主义建筑和解构主义建筑的所有建筑风格。

另一种关系是建筑师和结构工程师属同一个人。20 世纪以后几位杰出人物均属这一类，其中包括 20 世纪初的奥古斯特·佩雷和罗伯特·马亚尔（Robert Maillart），20 世纪中期的皮尔·路易吉·奈尔维、爱德华多·托罗哈、欧文·威廉斯和费利克斯·坎德拉以及 20 世纪末的圣地亚哥·卡拉特拉瓦。所有这些建筑师兼结构工程师都设计出了属于结构作为建筑、结构产生建筑形式或经过装饰的结构范畴的建筑物。他们最值得纪念的建筑物是用活性模式穹顶或抗拉结构语言表达的大跨度外壳建筑物。其美学概念是比较简单的——将建筑物作为一种技术作品加以欣赏。

建筑师与结构工程师之间的第三种关系，即真正的协作伙伴关系，在 20 世纪末重新出现。这意味着结构工程师和建筑师在建筑物的整个设计过程中充分合作，这是自从他们同时创造了中世纪哥特式大教堂以来没有出现过的一种方式。高科技派的最佳建筑物已经采用了这种设计方式。

在当今，第三类关系正在产生一种新的极为复杂的几何形体建筑艺术。由亨特和格雷姆肖设计的滑铁卢车站的火车棚（图 7.17）就是早期的实例，这座建筑可以表现出一种简单的 19 世纪“铁-玻璃”火车站在 20 世纪的翻版，具有最新的技术改造如焊接铸钢连接，同时也体现了高科技派的理念。事实上，钢结构的构成形式相当复杂，这在计算机辅助设计手段出现之前是无法实现的，它暗示着一种有机体的复杂性，是为正在出现的有机主义范例（organicist paradigm）的哲学思想所作的一种恰当的暗喻。因此，尽管这座建筑物可以被看作是高科技派风格的发展，但很明显它值得具有一个不同的名字，或许应该叫“有机技术（Organi－Tech）”。同样，由福斯特和安东尼·亨特设计的威尔士国家植物园的穹顶（图7.53）和由尼古拉斯·格雷姆肖与安东尼·亨特合作设计的埃登项目（图7.54）也是如此。

这些建筑物复杂的有机形态或“地貌”（land-form）[1] 形状对于当代技术的先进性做了适宜的视觉表达。甚至当它们与赞扬技术进步的现代主义建筑相连接时，它们也对后现代式建筑“重构”实践[2]中有可能包含的几种意识提供了“暗示（intimations）”。

---

[1] 这个术语被查尔斯·詹克斯（Jencks，C.）所写的一篇名为《新科学＝新建筑?》（New Science＝New Architecture?）的文章中使用过，学术出版社，伦敦，1997年。在文中他讨论了建筑师如埃森曼、盖里、库哈斯（Koolhaus）和米拉勒斯（Miralles）的非线性建筑。

[2] 见加布利克·S.（Gablik. S.），《重获魅力的艺术》（The Re－enchantment of Art），托马斯-哈德逊，纽约，1991年。

参考文献

Addis, W., *The Art of the Structural Engineer*, Artemis, London, 1994.

Ambrose, J., *Building Structures*, John Wiley, New York, 1988.

Amery, C., *Architecture, Industry and Innovation: The Early Work of Nicholas Grimshaw and Partners*, Phaidon, London, 1995.

Baird, J.A. and Ozelton, E.C., *Timber Designer's Manual*, 2nd edition, Crosby Lockwood Staples, London, 1984.

Balcombe, G., *Mitchell's History of Buiding*, London, Batsford, 1985.

Benjamin, B. S., *Structures for Architects*, 2nd edition, Van Nostrand Reinhold, New York, 1984.

Benjamin, J. R., *Statically Indeterminate Structures*, McGraw – Hill, New York, 1959.

Billington, D. P., *Robert Maillart*, MIT Press, Cambridge, MA, 1989.

Billington, D. P., *The Tower and the Bridge*, Basic Books, New York, 1983.

Blanc, A., McEvoy, M. and Plank, R., *Architecture and Construction in Steel*, E. ε F. N. Spon, London, 1993.

Blaser, W. (Ed.), *Santiago Calatrava – Engineering Architecture*, Borkhauser Verlag, Basel, 1989.

Boaga, G. and Boni, B., *The Concrete Architecture of Riccardo Morandi*, Tiranti, London, 1965.

Breyer, D. E. and Ark, J. A. *Design of Wood Structures*, McGraw – Hill, New York, 1980.

Broadbent, G., *Deconstruction: A Student Guide*, Academy, London, 1991.

Brookes, A. and Grech, C., *Connections: Studies in Building Assembly*, Butterworth – Heinemann, Oxford, 1992.

Burchell, J. and Sunter, F. W., *Design and Build in Timber Frame*, Longman, London, 1987.

Ching, F. D. K., *Building Construction Illustrated*, Van Nostrand Reinhold, New York, 1975.

Coates, R. C., Coutie, M. G. and Kong , F. K., *Structural Analysis*, 3rd edition, Van Nostrand Reinhold, Wokingham, 1988.

Conrads, U. (Ed.), *Programmes and Manifestos on Twentieth Century Architecture*, Lund Humphries, London, 1970.

Corbusier, Le, *Five Points Towards a New Architecture*, Paris, 1926.

Corbusier, Le, *Towards a New Architecture*, Architectural Press, London, 1927.

Cowan, H. J., *Architectural Structures*, Elsevier, New York, 1971.

Cowan, H. J. and Willson, F., *Structural Systems*, Van Nostrand Reinhold, New York, 1981.

Cox, H. L., *The Design of Structures of Least Weight*, Pergamon, London, 1965.

Curtis, W. J. R., *Modern Architecture Since* 1900. Phaidon, London, 1982.

Davies, C., *High Tech Architecture*, Thames ε Hudson, London, 1988.

De Compoli, G., *Statics of Structural Components*, John Wiley, New York, 1983.

Denyer, S., *African Traditional Architecture*, Heinemann, London, 1978.

Dowling, P. J., Knowles, P. and Owens, G. W., *Structural Steel Design*, Butterworths, London, 1988.

Drew, P., *Frei Otto*, Granada Publishing, London, 1976.

Elliott, C. D., *Technics and Architecture; The Devel-*

opment of Materials and Systems for Buildings, MIT Press, London, 1992.

Engel, H., *Structure Systems*, Deutsche Verlags - Anstalt, Stuttgart, 1967.

Engel, H., *Structural Principles*, Prentice - Hall, Englewood Cliffs, NJ, 1984.

Everett, A., *Materials*, Mitchell' s Building Series, Batsford, London, 1986.

Fraser, D. J., *Conceptual Designs and Preliminary Analysis of Structures*, Pitman Marshfield, MA, 1981.

Gablik, S., *Has Modernism Failed?*, Thames ε Hudson, London, 1984

Gablik, S., *The Re-enchantment of Art*, Thames and Hudson, New York, 1991.

Gheorghiu, A. and Dragomit, V., *The Geometry of Structural Forms*, Applied Science Publishers, London, 1978.

Glancey, J., *New British Architecture*, Thames ε Hudson, London, 1990.

Gordon, J. E., *Structures*, Pelican, London, 1978.

Gordon, J. E., *The New Science of Strong Materials*, Pelican, London, 1968.

Gorst, T., *The Buildings Around* Us, E. ε F. N. Spon, London, 1995.

Gössel, P. and Leuthäuser, G., *Architecture in the Twentieth Century*, Benedikt Taschen, Cologne, 1991.

Groak, S., *The Idea of Building*, E. ε F. N.Spon, London, 1992.

Hammond, R., *The Forth Bridge and its Builders*, Eyre ε Spottiswood, London, 1964.

Hart, F., Henn, W. and Sontag, H., *Multi Storey Buildings in steel*, Crosby Lockwood Staples, London, 1976.

Heinle, E. and Leonhardt, F., *Towers: A Historical Survey*, Butterworth Architecture, London, 1988.

Herzog, T., *Pneumatic Structures*, Crosby Lockwood Staples, London, 1976.

Holgate, A., *The Art in Structural Design*, Clarendon Press, Oxford, 1986.

Holgate, A., *Aesthetics of Built Form*, Oxford University Press, Oxford , 1992.

Horvath, K. A., *The Selection of Load - bearing Structures for Buildings*, Elsevier, London, 1986.

Howard, H. S., *Structure: An Architect' s Approach*, McGraw - Hill, New York, 1966.

Hunt, A., *Tony Hunt' s Structures Notebook*, Architectural Press, Oxford, 1997.

Hunt, A., *Tony Hunt' s Sketchbook*, Architectural Press, Oxford, 1999.

Huxtable, A. L., *The Tall Building Reconsidered: The Search for a Skyscraper Style*, Pantheon Books, New York, 1984.

Jan van Pelt, R. and Westfall, C., *Architectural Principles in the Age of Historicism*, Yale University Press, New Haven, 1991.

Jencks, C., *The Language of Post - modern Architecture*, 3rd edition, Academy, London, 1981.

Jencks, C., *Modern Movements in Architecture*, Penguin Books, Harmondsworth, 1985.

Joedicke, J., *shell Architecture*, Karl Kramer Verlag, Stuttgart, 1963.

Kong, F. K. and Evans, R. H., *Reinforced and Prestressed Concrete*, 2nd edition, Van Nostrand Reinhold, New York, 1981.

Lambot, I. (Ed.), *Norman Foster: Foster Associates: Buildings and Projects*, Vols 1 - 4, Watermark, Hong Kong, 1989 - 90.

Lin, T. Y. and Stotesbury, S. D., *Structural Concepts and Systems for Architects and Engineers*, John Wiley, New York, 1981.

Macdonald, A. J., *Wind Loading on Buildings*, Applied Science Publishers, London, 1975.

Macdonald, A. J. *Structural Design for Architecture*, Architectural Press, Oxford, 1997.

Macdonald, A. J. and Boyd Whyte, I., *The Forth Bridge*, Axel Menges, Stuttgart, 1997.

Macdonald, A. J., *Anthony Hunt*, Thomas Telford, London, 2000.

Mainstone, R., *Developments in Structural Form*. Allen Lane, Harmondsworth, 1975.

Mainstone, R., 'Brunelleschi' s Dome', *The Architectural Review*, CLXII (967) 156 - 166, Sept. 1977.

Majid, K. I., *Optimum Design of Structures*, Newnes - Butterworths, London, 1974.

Makowski, Z. S., *Steel Space Structures*, Michael Joseph, London, 1965.

Marder, T. (Ed.), *The Critical Edge: Controversy in Recent American Architecture*, MIT Press, Cambridge, MA, 1985.

Mark, R., *Light, Wind and Structure*, MIT Press, Cambridge, MA, 1990.

Mettem, C. J., *Structural Timber Design and Technology*, Longman, London, 1986.

Morgan, W., The *Elements of Structure*, 2nd edition (revised I. G. Buckle), Longman, London, 1978.

Morgan, W. and Williams, D. T., *Structural Mechanics*, 5th edition (revised F. Durka), Longman, London, 1996.

Morris, A., *Precast Concrete in Architecture*, George Godwin, London, 1978.

Nervi, P. L., *Structures*, McGraw – Hill, New York, 1956.

Nervi, p. L., *Aesthetics and Technology in Building*, Harvard University Press, Cambridge, MA, 1956.

Neville, A. R., *Properties of Concrete*, 3rd edition, Longman, London, 1986.

Noever, P. (Ed.), *Architecture in Transition: Between Deconstruction and New Modernism*, Prestel – Verlag, Munich, 1991.

Orton, A., *The Way We Build Now*, E. ε F. N. Spon, London, 1988.

Otto, F., *Tensile Structures*, MIT Press, Cambridge, MA, 1973.

Papadakis, E., *Engineering and Architecture*, Architectural Design Profile No. 70, Academy, London, 1987.

Pawley, M., *Theory and Design in the Second Machine Age*, Basil Blackwell, Oxford, 1990.

Piano, R., *Projects and Buildings* 1964 – 1983, Architectural Press, London, 1984.

Rice, P., An *Engineer Imagines*, Ellipsis, London, 1994.

Robbin, T., *Engineering a New Architecture*, Yale University Press, New Haven, 1996.

Salvadori, M., *Why Buildings Stand* Up, W. W. Norton, London, 1980.

Schodek, D. L., *Structures*, Prentice – Hall, Englewood Cliffs, NJ, 1980.

Schueller, W., *High – rise Building Structures*, John Wiley, London, 1977.

Scully, V., *The Earth, the Temple and the Gods*, Yale University Press, New Haven, 1979.

Siegel, K., *Structure and Form in Modern Architecture*, Reinhold, New York, 1962.

Strike, J., *Construction Into Design*, Butterworth Architecture, Oxford, 1991.

Sunley, J. and Bedding, B. (Ed.), *Timber in Construction*, Batsford, London, 1985.

Szabo, J. and Koller, L., *Structural Design of Cable Suspended Roofs*, John Wiley, London, 1984.

Thornton, C., Tomasetti, R., Tuchman, J. and Joseph, L., *Exposed Structure in Building Design*, McGraw – Hill, New York, 1993.

Timoshenko, S. P. and Gere, J. H., *Mechanics of Materials* (SI Edition), Van Nostrand Reinhold, London, 1973.

Timoshenko, S. P. and Young, D. G., *Theory of Structures*, 2nd edition, McGraw – Hill, New York, 1965.

Torroja, E., *Philosophy of Structures*, University of California Press, Berkeley, 1958.

Torroja, E., *The Structures of Eduardo Torroja* F. W. Dodge New York, 1958.

Venturi, R., *Complexity and Contradiction in Architecture*, Museum of Modern Art , New York, 1966.

Walker, D. (Ed.), *The Great Engineers: The Art of British Engineers* 1937 – 1987, Academy Editions, London, 1987.

Watkin, D., A *History of Western Architecture*, Barrie ε Jenkins, London, 1986.

Werner Rosenthal, H., *Structural Decisions*, Chapman and Hall, London, 1962.

West, H. H., *Analysis of Structures*, John Wiley, New York, 1980.

Wilkinson, C., *Supersheds: The Architecture of Longspan Large – volume* Buildings, Butterworth Architecture, Oxford, 1991.

Williams, D. T., Morgan, W. and Durka, F., *Structural Mechanics*, Pitman, London, 1980.

White, R. N. Gergely, P. and Sexsmith, R. G., *Structural Engineering*, Vol. 1, John Wiley, New York, 1976.

Windsor, A., *Peter Behrens*, Architectural Press, London, 1981.

Zalewski, W. and Allen, E., *Shaping Structures*, John Wiley, New York, 1998.

Zukowski, J. (Ed.), *Mies Reconsidered: His Career, Legacy, and Disciples*, Art Institute of Chicago, Chicago, 1986.

附录 1

简单平面二维力系和静力平衡

附录 1.1　引言

结构是将力从力在建筑物中的作用点传递到基础上从而最终被反力平衡的传力构件。它包含了处于静力平衡状态的作用力系统。因此，对于力、平衡以及构件受力特性的理解是理解结构的基础。

附录 1.2　力矢量与合力矢量

力是一种矢量,这意味着它的大小和方向必须是一定的。为了充分描述力,可以用一条直线来代表,这条直线称为矢量,与力的方向平行并且长度与力的大小成正比(图附录 1.1)。当两个或多个平行力作用在一起时,它们的综合效应等于一个单独力的效应,这个单独力称为原作用力的合力。合力的大小和方向能够通过“力的三角形”或“力的多边形”的矢量加法作图找到(图附录 1.2)。在这种加法中,合力总是通过闭合“力的三角形”或“力的多边形”所需要的直线来代表它的大小和方向。

附录 1.3　力的分解

将上述过程逆向进行，则可把合力看作为两个或更多分力（图附录 1.3）。把单个力分解为分力的过程称为力的分解。这是非常有用的，因为它常常将力系统简化为两个在正交方向上作用的力（即两个垂直分力）。这样可以用代数方法而不是图示方法进行力的相加。例如，如果每个力都先分解成它的水平和垂直方向的分力，则图附录 1.2 中的各个力的合力很容易被计算出来（图附录 1.4）。

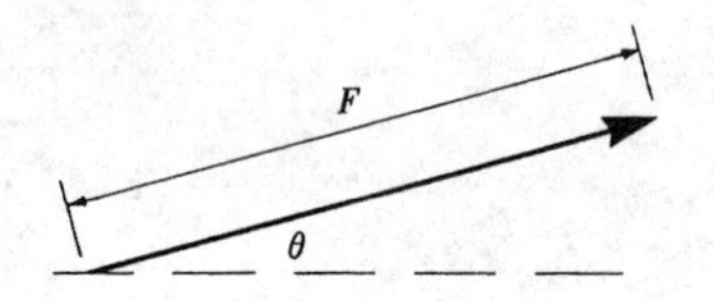

图附录 1.1　力矢量

（力是一个矢量，能够通过一条直线来表示，直线长度与力的大小成正比，直线方向与力的方向平行）

附录 1.4　力矩

力会产生力矩，其效果是力会绕着不在它作用线上的点旋转。力矩的大小等于力的大小乘以它的作用线和旋转点之间的垂直距离（图附录 1.5）。

附录 1.5　静力平衡与平衡方程

结构是承受称为荷载的这种外力作用的刚性物体，外力对结构的作用取决于结构受力系统的特征。如果结构不受力，则它可以被看作处于静止状态。如果它承受单个力，或具有合力的一组力，它就在力的作用下运动（更确切地说是加速运动，图附录 1.6）。运动的方向与单个力或合力的作用线方向一致，其加速度取决于结构的质量和力的大小之间的关系。如果结构上由一组合力为零的力作用，那么这组力将使结构保持静止，其“力的三角形”和

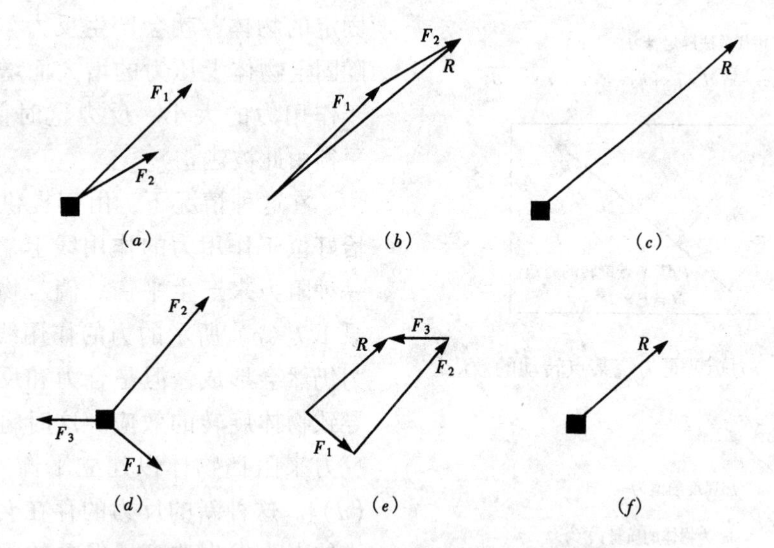

图附录 1.2　矢量加法：力的三角形和多边形合成法则

（a）一个由两个力作用的物体；（b）矢量加法得到合力的力的三角形；（c）合力与原作用力在一个物体上的作用完全相同，因此确切地说等于原作用力；（d）一个由三个力作用的物体；（e）矢量加法得到合力的多边形；（f）合力与原作用力在物体上的作用相同

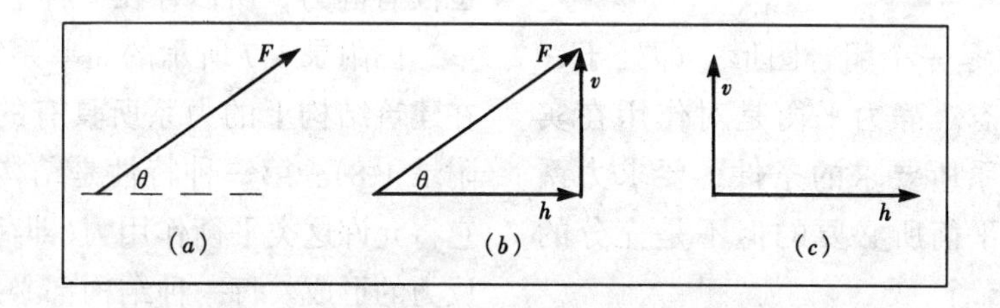

图附录 1.3　力的分解

（a）单个力；（b）用来确定单个力的垂直和水平分量的力的三角形：$v = F\sin\theta$；$h = F\cos\theta$；（c）垂直和水平分力完全等同于原作用力

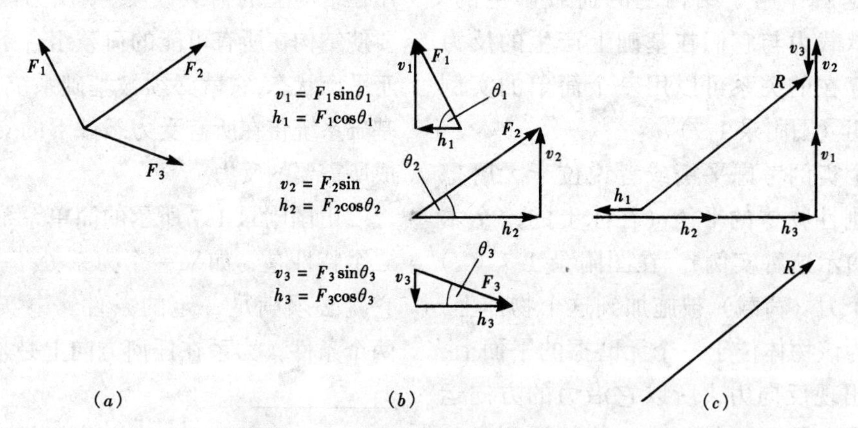

图附录 1.4　使用力的分解法确定合力

（a）三个共点力；（b）力分解成垂直分量和水平分量；（c）通过分力的矢量相加确定合力

用代数法确定合力如下：

$V = v_2 + v_3 - v_1 \quad H = h_2 + h_3 - h_1 \quad R = \sqrt{V^2 + H^2}$

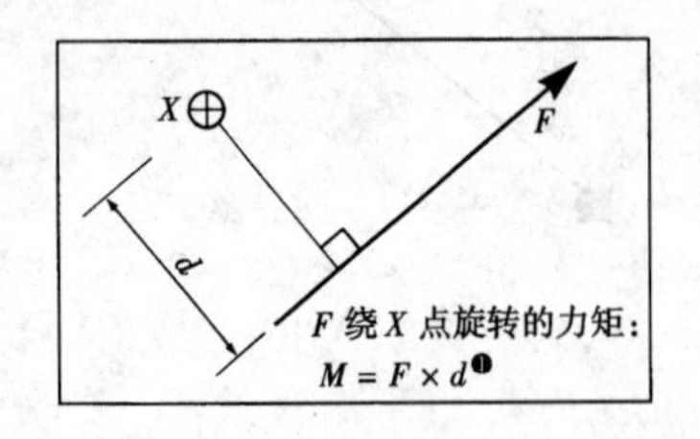

图附录 1.5 力矩就是力绕某点转动的效应

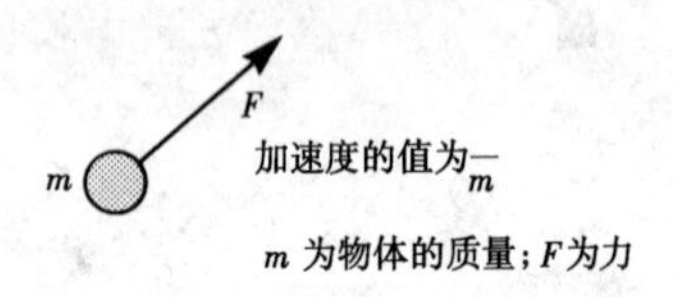

图附录 1.6 物体受力图

[如果一个物体受力，它将沿力作用的直线加速。加速度的大小取决于这个物体的质量和力之间的关系(牛顿第二运动定理)]

“力的多边形”是一个闭合图形，即处于一种静力平衡状态。静力平衡是对作用在实体结构上的力系所要求的条件，要求力系不存在合力是平衡所必要的但不是充分的条件。

作用在实体结构上的荷载自身很少构成一种平衡布置，其平衡是通过结构与它们的基础之间的反力来建立的。这些反力事实上是由作用于结构上的荷载产生的，结构的承载力与它们在基础上产生的反力之间所存在的关系可以用一个简单的实例加以证明（图附录 1.7）。

这个实例考虑平衡或者说位于无磨擦面上的刚性物体的平衡（在冰上的一个木块可以演示这种实例）。在图附录 1.7（*a*）中，一个力（荷载）被施加到这个物体上，并且因为该物体位于一个无磨擦的平面上，不可能出现反向力，所以它沿力的方向运动。在图附录 1.7（*b*）中，物体遇到阻止物体运动的阻力时，如同把物体推向一个固定的物体，就会产生反力，反力的大小随固定物体上压力的增大而增大直到它等于作用力的大小。反力这时使系统平衡，平衡由此被建立。

在这种情况下，由于提供阻力的物体恰好位于作用力的作用线上，因此只需要一种阻力来产生平衡。倘若物体不在图附录 1.7（*c*）所示的力的作用线上，反作用力仍然会形成，但是合力和反力将会产生导致物体旋转的效应。这时将需要另一个反力来阻挡物体以建立平衡［图附录 1.7（*d*)］。这种新的反力的存在会导致最初反力的大小发生改变，但总的力系仍然是合力为零，正如我们从力的多边形中看到的一样，因此总的力系能够达到平衡。在此种情况下，力不在物体上产生纯旋转效应，也没有静力，所以存在一种平衡状态。

图附录 1.7 所示的简单系统表明了作用在建筑结构上的力系所具有的许多特性(图附录 1.8)。第一种特性是结构的基础功能，它将允许这类平衡作用力(即荷载)所需要的反力的形成。每一种结构都必须被基础系统支撑,基础系统能够产生足够的反力以平衡荷载。所产生的反力的精确性质取决于承载系统的特性和所提供的支撑的类型,如果作用在结构上的荷载改变,则反力改变。如果要使结构在所有可能的荷载组合条件下都处于平衡状态,它就必须被基础系统支撑,因为基础系统将在所有受力条件下的支承点上形成所需要的反力。

由图附录 1.7 所示的简单系统表明的第二个特性是，如果一个力系处于平衡状态，它就必须满足一定的条件。事实上，只有两个条件：力系在任何方向上必须合力为

[1] 原书为 $X = M \times d$，有误，应为 $M = F \times d$——中文版注。

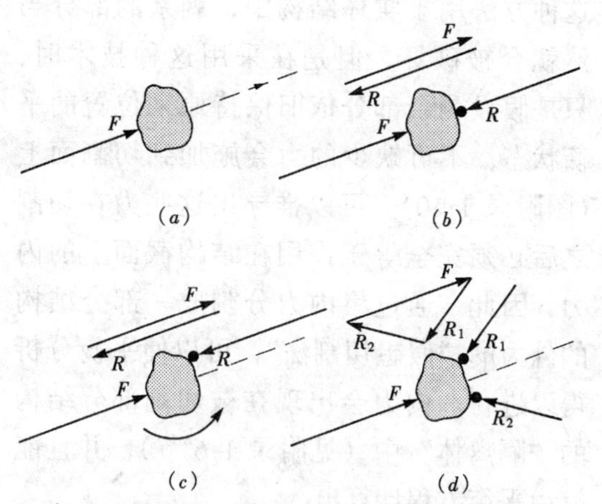

图附录1.7　承载力与反力简例

（反作用力只有在其他力作用在物体上时才为负值。在有阻力阻止物体运动的位置上才出现反作用力。作用力与反力一起构成闭合力多边形，在物体上没有纯旋转效应。只有当阻力支点以这种方式处理时，平衡才能发生。只有平面上任意支点上的力矩之和等于零，纯旋转效应为零才被满足）

（*a*）一个物体受力作用而加速；（*b*）由于在力的作用线上存在一个静止物体，没有加速度，平衡被建立，由此产生出一个与作用力大小相等、方向相反的反作用力（注意这种作用力和反作用力的矢量相加产生的简单力的"多边形"）；（*c*）如果这个静止物体不在力 *F* 的作用线上，平衡就不会建立，即使力的多边形不产生合力，后一种情况意味着移动不发生，但旋转仍然是可能的；（*d*）通过另一个反力，使物体静止恢复平衡（注意原反力的大小和方向已发生变化，但力多边形仍然是一个没有合力的闭合图形）

零；力在结构上不存在任何纯旋转效应。如果作用在构件上的力在任意两个方向上被分解后处于平衡状态（合力为零），第一个条件就得到满足；如果在平面内的任意点的合力矩为零；则第二个条件就满足。一般将力分解成两个正交方向（通常是垂直和水平方向），采用代数方法验证力系统的平衡，因此在二维系统中的平衡条件可以概括为以下三个方程：

所有力的垂直分量和为0

$$\sum F_v = 0$$

所有力的水平分量和为0

$$\sum F_h = 0$$

所有力矩之和为0

$$\sum M = 0$$

在共平面力系中的静力平衡所需要的两个条件是所有基本结构计算的基础，由它们所推导出的三个平衡方程是所有基本结构分析方法依赖的基本关系。

附录1.6　"隔离体图"

在结构分析中，总结平衡方程与"隔离体图"（free-body-diagram）概念一起用来计算结构中的力的大小。"隔离体图"是一个刚性物体即"自由体"图，作用在物体上的所有力都被标于这个图上。"隔离体"可以是整个结构或部分结构，如果它处于平衡状态（它肯定是），作用在它上面的力必须满足平衡条件。因此，能够写出标于隔离体图中的力的平衡方程，可以求出任何未知力的大小。例如，图A1.9中所示的三个结构平衡方程为：

垂直向平衡方程：

$$R_1 + R_2 = 10 + 10 + 5 \qquad (1)$$

水平向平衡方程：

$$R_3 - 20 = 0 \qquad (2)$$

转动平衡方程(采用左边支撑的力矩)：

$$10 \times 2 + 10 \times 4 + 5 \times 6 - 20 \times 1 - R_2 \times 8 = 0 \qquad (3)$$

这些方程的解为：

由方程（3）有

$$R_2 = 8.75\ \text{kN}$$

由方程（2）有

$$R_3 = 20\ \text{kN}$$

由方程（1），通过替代 R_2，有

$$R_1 = 16.25\ \text{kN}$$

附录1.7　"假想切割"技术

"假想切割"是一种将内力分割成为作

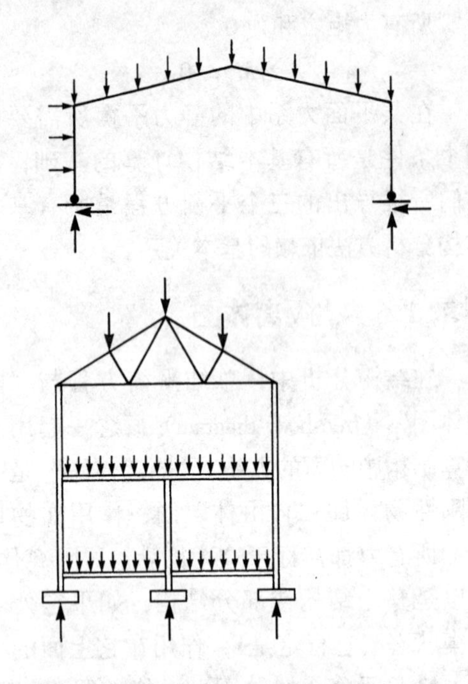

图附录 1.8 在建筑结构上的荷载和反力

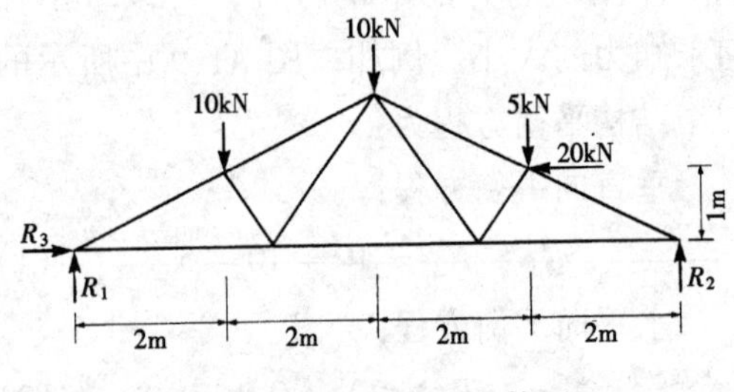

图附录 1.9 屋架隔离体图

用于结构部分脱离体的外力的方法。这使得便于分析。在最简单的形式中，这种技术由两方面组成，一是假想在需要确定内力的点上切开结构构件，二是假想被切割的两部分构件中，有一部分被移走。如果这种方法用于实体结构中，剩余的部分当然就会被破坏，但是在采用这种技术时，只是假设剩余部分依旧保持原来位置的平衡状态，不可缺少的力会施加到切割面上(图附录 1.10)。可以推导出这些力在切割之后必须完全等于作用在结构截面上的内力，因此，通过将内力分割成一部分结构的外力的“假想切割法”，可以使平衡分析得以进行。内力会出现在被切割部分结构的“隔离体”中（见附录 1.6 节)，并且能够由平衡方程计算出。

在大型结构布置中，“假想切割法”分几个阶段使用。结构首先被分成单个构件(梁、柱等)，以便画出隔离体图，并由这些示意图计算在构件之间通过的力。每个构件进一步通过“假想切割法”进行分割，从而确定每个截面上的内力。这个过程被概括在图 2.18 中。

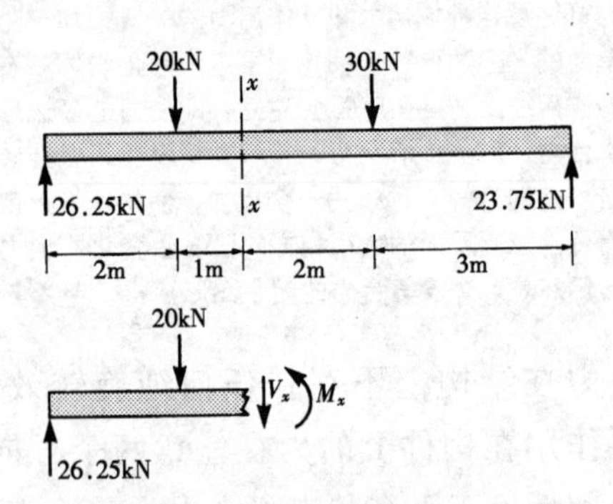

图附录 1.10 单跨梁的内力分析

(采用“假想切割法”，切割产生一个隔离体图，由该图能够推导出单截面的内力特性。在其他地方进行切割，所得出的相应图形可以确定其他截面上的内力)

附录 2

应力和应变

附录 2.1　引言

应力和应变是强度和刚度的两个重要概念。它们是荷载作用于结构材料上的必然反映和结果。应力可以看作是抵抗荷载的介质；应变则是测定应力出现时所发生的变形程度。

结构构件内的应力是由它所作用的截面面积所划分的内力。因此，应力是单位截面面积上的内力；反之，内力可以看作是应力的累积效应。

一种材料的强度是根据它能够抵抗的最大应力——破坏应力来测定的。结构构件的强度是它能抵抗的最大内力。这取决于构成材料的强度和它的截面尺寸与形状。当应力值超过材料的破坏应力值时，构件的最大强度就达到了。

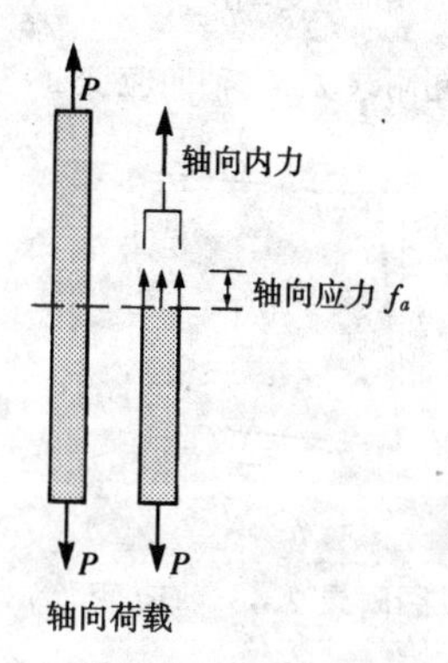

图附录 2.1　轴向应力
(轴向荷载发生在外力与结构构件的几何轴相一致的地方，这会产生轴向应力)

结构构件中能够存在几种不同类型的应力，由相对于主轴的作用荷载的方向所决定。如果荷载的方向与主轴方向一致，它则产生轴向内力和轴向应力（图附录 2.1）。如果荷载的方向与构件的主轴方向垂直，这种荷载称为弯曲型荷载（图附录 2.2）；它产生弯矩内力和剪力内力，形成作用于构件截面平面上的弯曲应力和剪应力的组合。

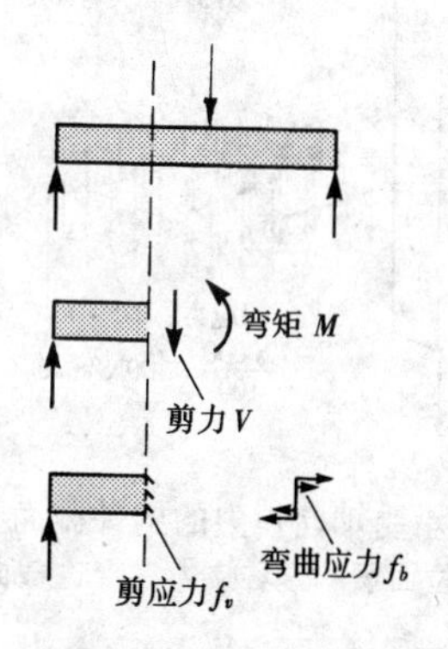

图附录 2.2　弯曲型荷载
(弯曲型荷载发生在外力的作用线与构件的几何轴相垂直的地方。这会在构件截面上产生弯曲应力和剪应力)

因荷载作用使材料样品发生的尺寸变化是根据无量纲的应变来表达的。应变被定义为某个方向的变化量除该方向的初始值。应变的确切性质取决于产生应变的应力类型。轴向应力产生轴向应变，轴向应变发生在与构件长度平行的方向上并被定义为所发生的长度变化与构件的最初长度的比(图附录 2.3)。另一方面，剪应力是根据所发生的角度变化量来定义的(图附录 2.4)。

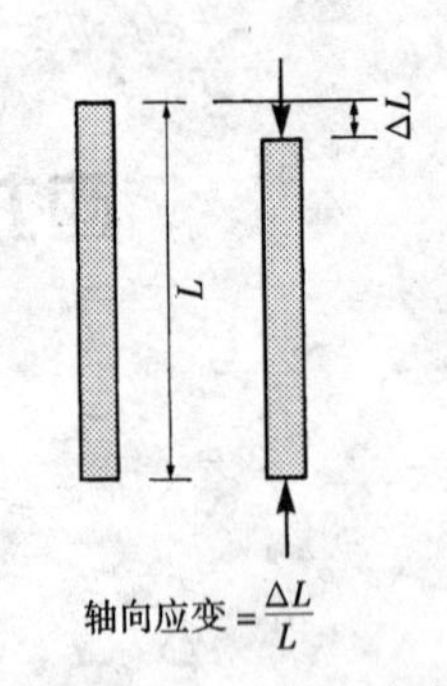

图附录 2.3　轴向应变

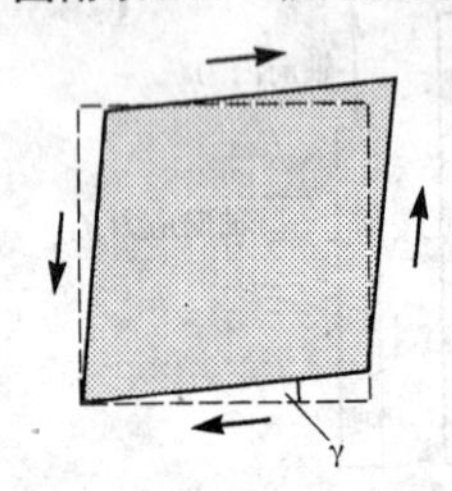

图附录 2.4　剪应变

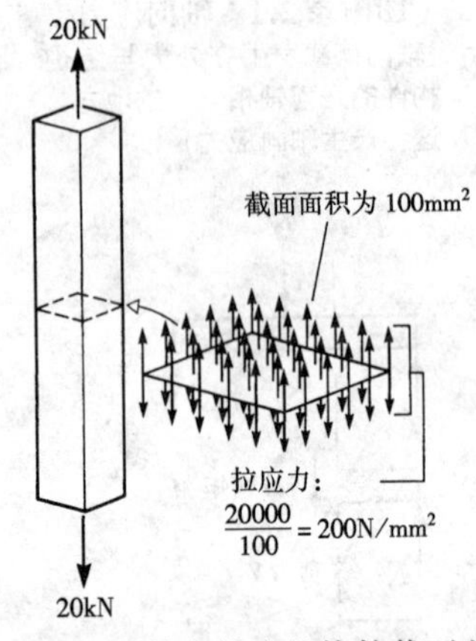

图附录 2.5　承受轴向拉力的构件截面上的拉应力（通常假定单位面积的这种应力在穿过截面时是不变的）

应力和应变是判断受荷载作用的材料的力学性能的参数。对于一个给定的荷载，应力和应变的量纲取决于所考虑的结构构件的尺寸，因此它们是确定构件尺寸的关键参数。在确定截面的尺寸时，必须通过留有足够的余地使荷载内力所产生的应力小于材料的破坏应力或屈服应力。如果结构的变形对于整体来说不太大，则刚度是足够的。

附录 2.2　轴向应力的计算

构件中的轴向应力在穿过截面时是均匀分布的（图附录 2.5），采用下列方程进行计算：

$$f = P/A$$

式中　f 为轴向应力；P 为轴向拉力；A 为截面面积。

轴向应力可以是受拉应力也可以是受压应力。如果截面的尺寸沿构件长度方向上不发生改变，则轴向应力的大小在所有位置上都一样。

附录 2.3　弯曲应力的计算

如果外荷载使弯矩作用于构件的截面上，则构件中就会产生弯曲应力。在每个截面内弯曲应力的大小都是不相同的，在截面最远的边缘处纤维中的拉应力和压应力最大，应力从压应力变成拉应力的中心（形心）处，应力最小（图附录 2.6）。由于沿构件方向上弯矩发生变化，因此在截面之间的应力也在变化。

构件中任意一点上的弯曲应力的值取决于四种因素，即这一点所处的截面上的弯矩、截面的尺寸、截面的形状和截面内这一点的位置。这些参数间的关系如下：

$$f = My/I$$

式中　f 为离截面中性轴（通过形心的轴）y 距离处的弯曲应力；M 为截面上的弯矩；I 为通过截面形心轴上的截面面积惯性矩；这取决于截面的尺寸和形状。

这种关系允许在构件的任意截面中计算截面弯矩的弯曲应力。它等于轴向应力公式：

$$f = P/A$$

上面这个方程称为弹性弯曲公式。它只在弹性范围内才有效（见附录 2.4 节）。它是结构理论中最重要的关系之一，用于

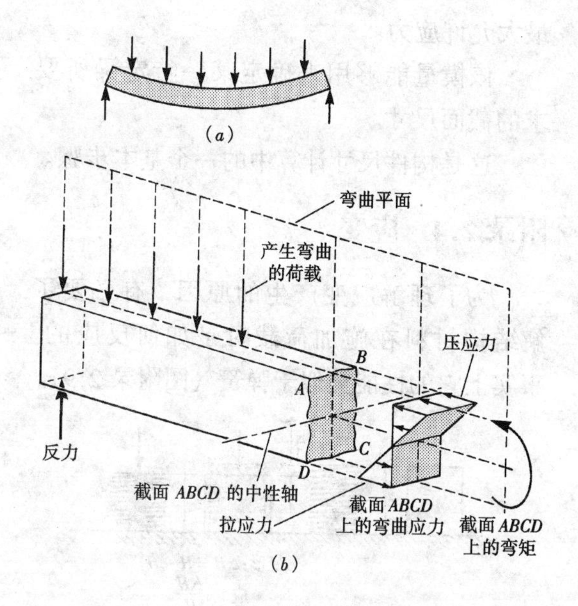

图附录 2.6　承担弯曲型荷载构件截面上的弯曲应力分布

（a）变形形状，压应力发生在曲线内侧（截面的上半部分），拉应力发生在曲线的外侧；（b）剖面示意图，未标注剪力和剪应力

各种有关承担弯曲型荷载的结构构件设计计算中，可以注意到有许多这个方程的转变形式：

（1）截面面积惯性矩（I），是弯矩和弯曲应力之间的关系所依赖的梁截面的特性，该惯性矩 I 对应于一条特定轴，该轴通过截面形心并与弯曲荷载所在的平面相垂直，这根轴是梁的中性轴。

I 是截面的形状特性。其定义是：

$$I = \int y^2 \mathrm{d}A$$

对于那些对数学不重视的人，图附录2.7可以使这个术语的意思更清楚。绕着通过截面形心的轴的截面惯性矩能够通过将整个面积分成若干小部分进行计算。

绕形心轴的任何部分的面积惯性矩等于这部分面积乘以它与轴的距离的平方。整个截面的面积惯性矩是所有各部分的面积惯性矩之和。

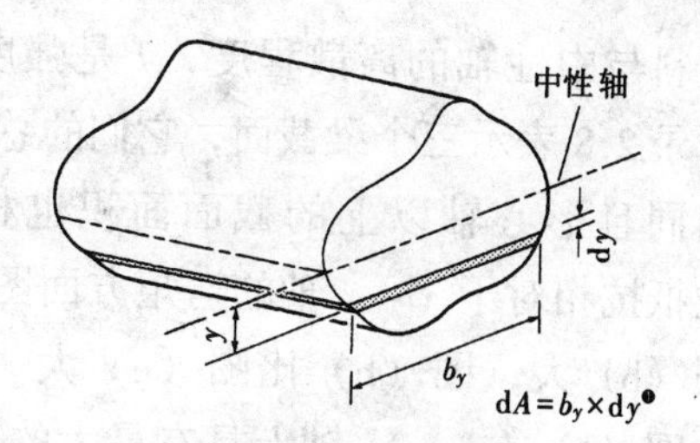

图附录 2.7　具有超静定形状截面的短梁

（截面的阴影带对于弯曲阻力的作用与 $\mathrm{d}I = y^2\mathrm{d}A$[2] 成比例。整个截面抵抗弯曲的能力取决于截面各构成面积分布情况的汇总：$I = \sum y^2\mathrm{d}A$[3]；如果 $\mathrm{d}A$ 的值足够小，公式则为：$I = \int y^2\mathrm{d}A$）[4]

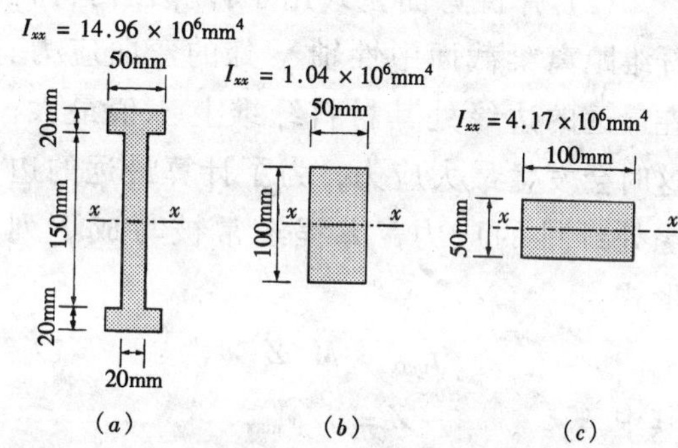

图附录 2.8　弯曲应力

（所有这些梁的截面面积都为 5000mm²，但图（a）在绕 $x-x$ 轴上有最大的弯曲应力，因为它的 I_{x-x} 值最大）

这个相当奇特的 I 值涉及相对于形心轴的截面的面积分布，它决定着梁的弯曲阻力，其原因就在于截面内每块材料对于整个弯曲阻力的作用大小取决于它与中性轴的距离（更确切地说取决于它与中性轴的距离的平方）。

因此，截面的弯曲强度取决于它内部

[1]~[4]　原书中的公式分别为 $\delta A = b_y \times \delta y$、$\partial I = y^2\partial A$、$I = \sum y^2\partial A$、$I = \int y^2\partial A$，不一致；为本页左栏公式 $I = \int y^2\mathrm{d}A$ 取得一致，此次出版时，将图中 δy 改为 $\mathrm{d}y$、δA 改为 $\mathrm{d}A$、∂I 改为 $\mathrm{d}I$——中文版注。

的材料与中性轴的离散程度，I 是强度值。图附录 2.8 表示三个梁截面，它们的总面积均相同且形心轴以上的截面面积也相同，但在抵抗相对于 $x-x$ 轴的弯矩方面图（a）比图（b）大，图（b）比图（c）大，这是因为图（a）在 $x-x$ 轴上具有最大的 I 值，图（b）其次，图（c）最小。

梁抵抗弯曲型荷载的实效取决于它截面上的面积惯性矩与它在截面上的总面积之间的关系。I 决定弯曲强度，A 决定重量（即当前材料的总量）。

（2）弹性弯曲公式用于计算任何材料纤维距离梁截面中性轴 y 处的弯曲应力。在最远的边缘处其材料纤维上 y 值最大，这时会发生最大应力，为了计算最远的边缘处纤维的应力，方程经常被写成下列形式：

$$f_{max} = M/Z$$

其中 $$Z = I/y_{max}$$

Z 为横截面的模量［它常被称作“截面模量”；有时采用“弹性模量（elastic modulus）”这个术语，这是不合适的，这会使人们将它与“杨氏弹性模量（modulus of elasticity）”相混淆，见附录 2.4 节］

如果一个构件的截面是形心轴不对称的，则最大拉应力和压应力是不同的。当这种情况发生时，截面会有两个截面模量，每一个模量都对应一个 y_{max}值。

（3）弹性弯曲公式可转变成为 $M = fI/y$或 $M = fZ$ 的形式，采用允许应力值后，可计算梁截面能够抵抗的弯曲力矩的最大值。这叫做截面的“阻力矩”。

（4）

$$Z_{req} = M_{max}/f_{max}$$

式中 Z_{req}为最大强度所需要的截面模量；M_{max}为最大荷载所产生的弯曲力矩；f_{max}为最大允许应力。

该模量能够用来确定某一特定梁所要求的截面尺寸。

这是构件尺寸计算中的一个基本步骤。

附录 2.4 应变

为了理解应变产生的原因，有必要了解结构材料在施加荷载时是如何反应的。事实上它的性能类似于弹簧（图附录 2.9）。

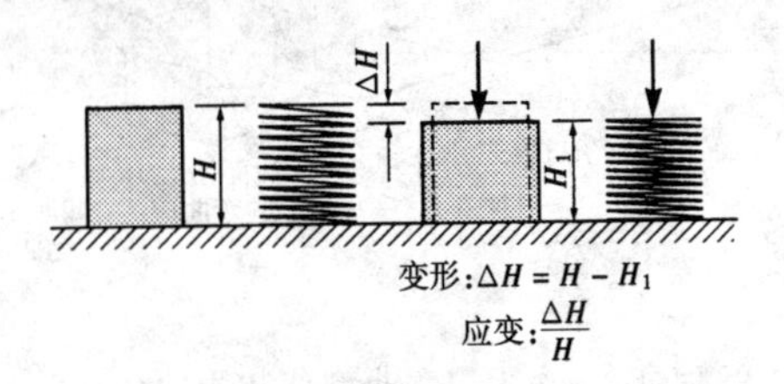

图附录 2.9 施加荷载后的变形
（一块材料的性能与一根弹簧相似）

在不承载时，结构处于静止状态，它具有一定的长度并占有一定的体积。如果在它上面施加一个压力荷载，如图附录 2.9 所示，开始没有反力作用，材料在荷载作用下发生变形，构件的两端相互靠近。这在材料中产生抵抗内力并且构件试图恢复到最初的长度。抵抗力的大小随着变形的增加而增大，当有足够的变形发生，会产生足够的内力完全抵抗外加荷载，这时运动就会停止。当构件承受荷载时，则会建立平衡，但这种情况只有在构件发生一定量的变形之后才出现。

这里重要的问题是，只有当材料发生变形时才会发生荷载的阻力；因此结构可以被看作是有生命的东西，它或者在有荷载施加时，或者在荷载变化时发生运动。阻止结构发生过量运动的问题是影响结构设计的一个重要因素。

应力和应变之间的关系是材料的一个基本特性。图附录 2.10 表示钢和混凝土材料的轴应力与轴应变的曲线图。图中有两种情况:在受载初期,即所谓“弹性”范围,图形是一条直线;在更高的受载范围,称为“非弹性”或“塑性”范围,它是一条曲线。在弹性范围内,应力与应变成正比,应力与应变之比是直线段斜率,它是一个常数,被称为材料的“弹性模量”(E)。

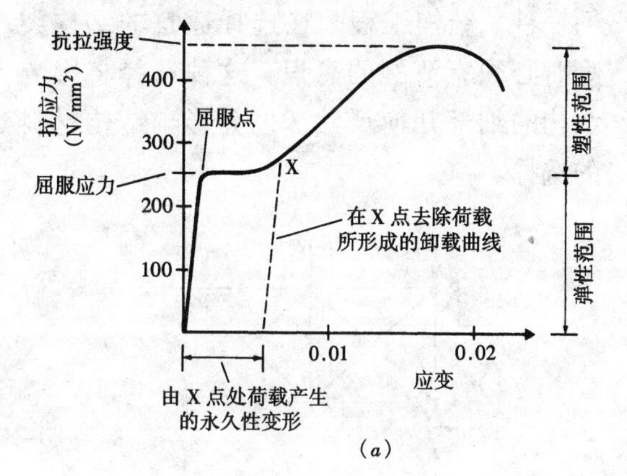

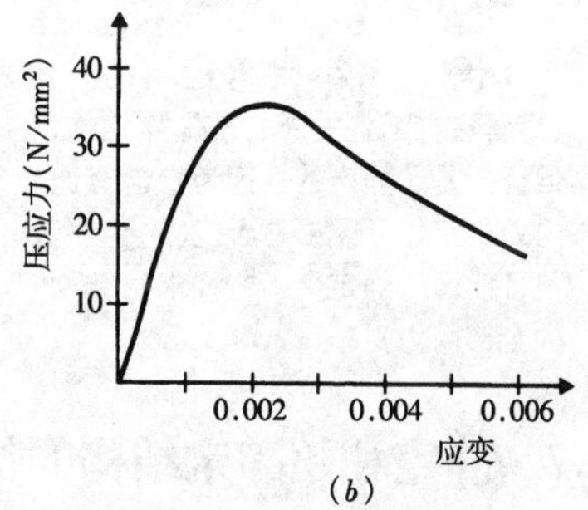

图附录 2.10 钢、混凝土材料的应力—应变典型曲线
(*a*) 钢; (*b*) 混凝土

在非弹性范围内，荷载增加所产生的变形大于在弹性范围内的变形。这两种范围之间的另一个区别是，在非弹性范围内，松开荷载时试件不能恢复到最初长度，即发生永久性变形，这时材料被说成是已经“屈服”。在钢材料中，弹性和非弹性性能之间的过渡发生在明确定义的应力值上，称为屈服应力。混凝土则发生比较缓和的过渡。如果向两种材料中不断施加不限量的荷载，则最终会达到破坏应力；破坏应力通常远远大于屈服应力。

弹性模量是材料的一种基本特性。如果弹性模量高，只需要少量的变形就能产生一定量的应力并由此抵抗一定量的荷载。这种材料手感较硬，如钢和石料。当材料的弹性模量低，在抵抗荷载之前所发生的变形量就高，这种材料手感较软，如橡胶。

还有一点与应力和应变有关，那就是完整结构的荷载-变形曲线图与制成它的材料的应力-应变曲线图相似。当完整结构中的材料应力在弹性范围内时，结构的荷载-变形曲线图总体看起来是一条直线，结构的性能被说成是线性的。如果结构中的材料在非弹性范围内受力，则整个结构的荷载-变形关系将不再是一条直线，结构被说成具有非线性性能。

附录 3

静定性概念

附录 3.1 引言

已经证明一组平面力系的平衡条件可以用三个平衡方程加以概括（见附录 1）。这些方程能够作为求解方程，可对未知的力系中的未知内力进行求解，如图附录 1.9 所示。

能够用这种方式从这些方程中完全求解的结构称为静定结构。图附录 3.1(*b*)中的结构有四个外反力，这种体系不能用这种方法完全求解，因为未知反力的数量大于考虑外力系平衡所推导出的方程数。图附录 3.2 中的结构也不能通过平衡方程求解，因为它所包含的内力数量大于考虑所有可能的“隔离体图”的平衡所推导出的独立方程数。这些结构被称为超静定结构。

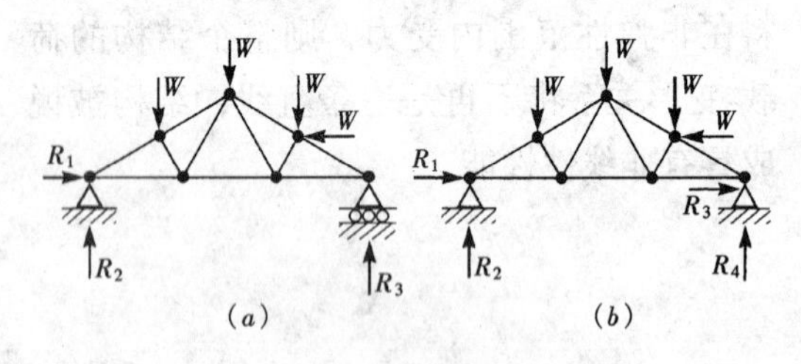

图附录 3.1

（*a*）框架是静定性的；（*b*）框架是超静定性的（这四种外反力不能从三个静力平衡方程中求得）

因此结构可以再分为两类，静定结构和超静定结构。这两种结构在承受荷载时的结构性能截然不同，在特定情况下决定采用哪一种结构是结构设计要考虑的一个重要因素。多数结构几何形体可以采用任何一种，结构工程师在选择适宜的结构类型时必须有清醒的意识。这种选择将影响结构的细部几何尺寸，也会影响结构材料的选择。

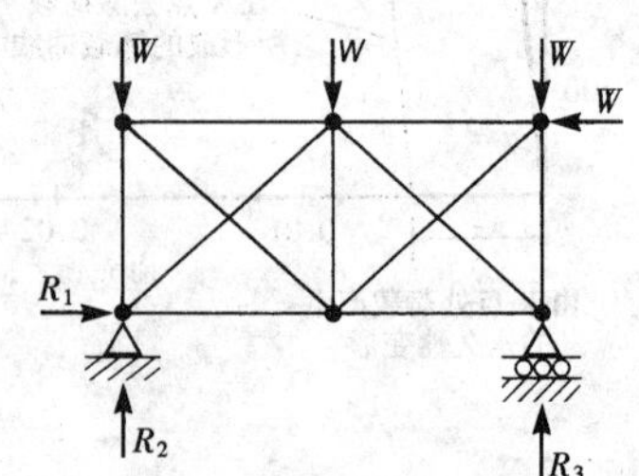

图附录 3.2 超静定结构

（尽管这种结构的外力系是静定的，但框架是超静定的，因为它含有比内力稳定性所需要的更多的构件，不可能通过静定平衡方程求出结构的全部内力）

附录 3.2 静定和超静定结构的特性

附录 3.2.1 内力

在图附录 3.3 中，表明了两种独立的静定结构，*ABC* 和 *ADC*。它们具有共同的支撑，*A* 和 *C*，但在其他方面，它们都是独立的。如果水平荷载 *P* 和 2*P* 分别施加到结点 *B* 和 *D* 上，结构将抵抗这些荷载；会形成内力和反力，可以由平衡方程计算所有这些内力，杆件将发生轴应变，应变的大小取决于材料的弹性和构件截面的尺寸。结点 *B* 和 *D* 都将发生侧向变形，但这些变形不影响构件中的内力，这些内力仅取决于外荷载和结构布置的几何形体［在第一近似（first approximation）的基础上］。

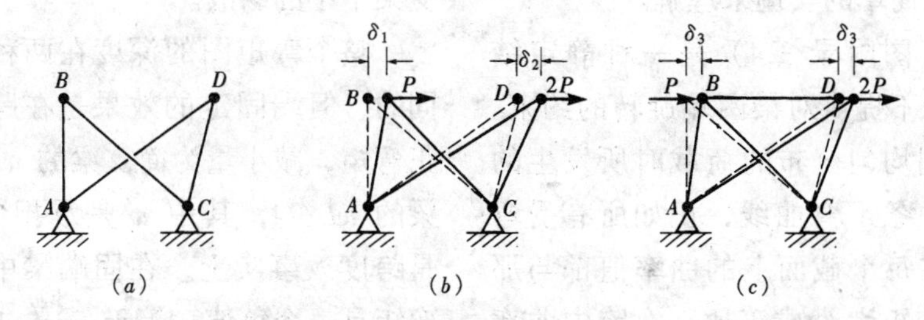

图附录 3.3 静定结构与超静定结构

(静定结构中的内力模式取决于杆件特性及结构布置的整体几何形体)

(*a*) *ABC* 和 *ADC* 是独立静定结构;(*b*)两种结构承担荷载时自由独立变形;

(c)构件 *BD* 的存在使得结构布置成为超静定的(结点 *B* 和 *D* 肯定发生同样的变形;内力的最终分布取决于杆件的性能和结构的整体几何形体)

如果再增加第五根杆件,将它与结点 *B* 和 *D* 相连,则力系为超静定的。两个结点现在受到约束,在所有荷载条件下发生等量变位,如果像以前一样施加两种荷载,则杆件的延伸率或收缩率不再与结点 *B* 和 *D* 自由独立变位时的情况一样。这意味着先前变位较小的那个结点将比以前受拉或推的更远,在另一个结点上情况则相反。因此,荷载将沿杆件 *BD* 传递,这将改变整个桁架中的内力模式。荷载传递的量以及由此产生的内力系统的变化将取决于静定形式中两个结点上发生的变位差。这是由杆件的刚度决定的,因此,超静定结构中的内力分布取决于杆件的性能以及桁架的整体几何形体和外荷载的大小。因此,在分析这种结构时必须考虑杆件的性能。对于超静定结构通常都是如此,这是静定结构和超静定结构之间的一个重要区别。

由于在超静定结构的分析中必须考虑杆件性能,这种情况使得结构的分析比静定结构的分析要复杂得多,特别是它要求考虑杆件的刚度。因为只有当杆件的尺寸已经决定,材料已经被选择时才能够这样做,它意味着超静定结构的设计计算必须在反复试验的基础上进行。必须首先选择一组杆件尺寸来进行结构分析。一旦内力被计算出来,所试尺寸的合适程度就能够通过计算它们的应力来评估。通常必须改变杆件尺寸,以适应所发生的特定内力的需要,这导致内力模式的改变。然后在杆件尺寸进一步被修订后需要再进行一次分析来计算新的内力。这个过程需要不断进行一直到得出满意的杆件尺寸。这种循环计算在计算机辅助设计中是很常见的。

相比之下,静定结构的计算则要直接得多。杆件中的内力只取决于外力和结构的整体几何形体。因此它们能够在杆件尺寸和结构材料被决定之前进行计算。一旦知道内力,就能够选择材料和相应的杆件尺寸。这些不影响内力模式,因此一次性计算足以完成这种设计。

附录 3.2.2 材料的使用效率

在超静定结构中,因为大量的约束条件的出现,使得荷载能够更加直接地传递到基础,又因为所有杆件承担的荷载都很均匀,所以结构材料的使用率要高得多。在这方面,最容易从具有刚结点的结构中看到超静定的益处。在具有刚结点的结构中,由于结构连续性而产生的弯矩比在相同荷载条件下的静定结构所存在的弯矩小。与前面一样,这两种结构之间的差别能够通过研究非常简单的实例来理解。

简支梁（图附录 3.4）是一种静定结构，它的支承不提供对梁两端旋转的约束。这种梁在受到均匀分布的荷载时所发生的变形形状是一条下弯曲线，正如所有受弯结构一样，在每个截面上的曲率值都与那个截面上的弯矩大小成正比。在跨中曲率最大，然后逐渐减少，一直到支承点变为零，因为在支承点上，虽然梁端倾斜，但仍然是直的。

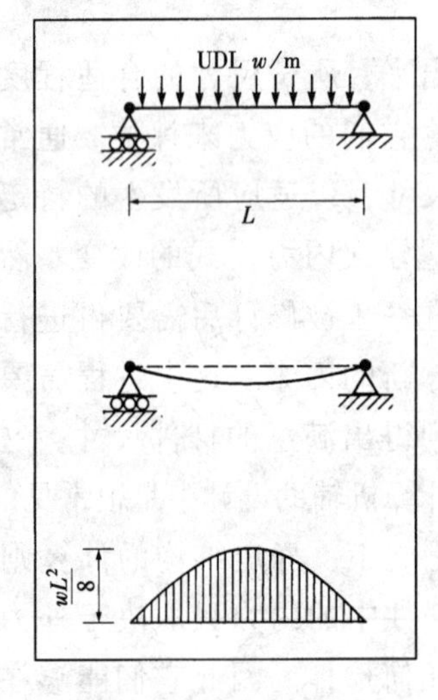

图附录 3.4 静定简支梁的荷载、变形和弯矩图

梁端受约束，阻止旋转，这样的梁称为超静定结构（图附录 3.5）。每个固端支承处能够产生三种外反力，总共有六种反力，这使得外力系不可能从三个推导静力平衡方程中求解。另外，支端固定及其产生的力矩反力使梁的两端在受载时保持水平。跨中部分仍然呈下弯曲线，但是其挠度比在简支梁中的挠度要小，因为在两端，曲线的方向是相反的，这种结果能够在弯矩图中看到。在弯矩图中，负弯矩与梁两端的弯曲曲线相吻合。在跨中，向下弯曲的程度减小，这种减小是因为正弯矩比简支梁中小的缘故。

整个弯矩图的深度在两种梁中都是相同的，但端固定的效果是在跨中减小最大正弯矩，减小量为简支梁的 $wL/8$ 减去固端梁的 $wL/24$，其中 w 是承担的总荷载，L 是跨度。事实上，在固端梁中的整体最大弯矩是一个负值，等于 $-wL/12$，发生在梁的端点。因此，固定梁的两端并使它成为超静定结构，其作用是减少弯矩的最大值，由跨中的 $wL/8$ 减少到支撑处的 $-wL/12$。

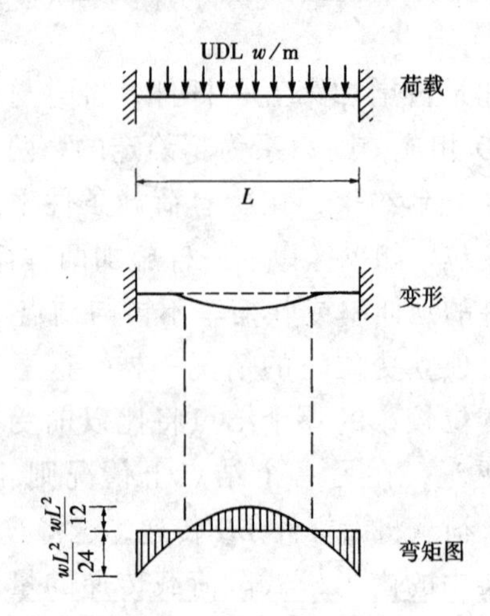

图附录 3.5 承担与图附录 3.4 相同荷载模式的超静定梁的荷载、变形和弯矩图
（支承点的约束作用减小了最大弯矩值，这些支承点是产生超静定的原因）

由于梁中的弯曲应力在各处都与弯矩成正比，假定截面沿长度方向不变，则在固端梁中的最大应力发生在跨两端，比起发生在跨中的简支梁中的最大应力小 2/3。因此在同等受力的情况下，两端固定的梁所能承担的荷载是简支梁上的 1.5 倍，所以强度也比简支梁大 1.5 倍。反之，在尺寸上只是简支梁的 2/3 的固端梁能够承担同量的荷载并具有相同的安全性。因此，超静定形状的采用允许人们更有效地利用结构材料。正如在大多数情况中一样，有得就

有失，在超静定结构中，由于提供固端支承条件的难度，致使建造成本也在增加。

在有许多构件存在的更为复杂的结构中，固端的益处是通过使构件之间的结点刚性化来获得的。这类结构称为连续结构，它们通常是超静定的。在具有许多连续支承的梁中（图附录3.6），相邻跨之间的连续性产生一种变形形状，这种形状是一条单一的连续曲线。支承上的弯曲与负弯矩的面积相吻合，它减少了跨中的正弯矩值。因此，弯曲的结果类似于图附录3.5的固端梁中发生的弯矩反力所产生的那种弯曲。在刚性框架中能够看到同样的结果（图附录3.7），刚性梁柱结点允许柱约束单梁的两端。

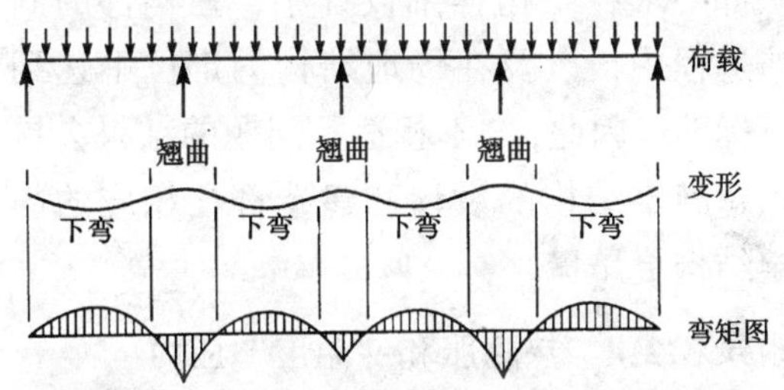

图附录3.6 具有许多连续支撑点的超静定梁
[各跨上的弯矩值比各支承点铰接处（静定形式）的弯矩值低]

附录3.2.3 “不相适”问题

除了可能进行的现浇钢筋混凝土结构以外，多数结构在某种程度上都是预制的，现场施工只是一个组装过程。因为预制部件在尺寸上不能被制造的非常精确，因此必须允许有“不相适”（lack-of-fit）和容许偏差问题的存在，这在结构设计时必须要考虑到。因为静定结构对于“不相适”问题的容许程度远远大于超静定结构，所以“不相适”问题能够影响人们是否采用静定形状或超静定形状。正如具有其他特性的结构一样，产生这种情况的原因能够通过检查小框架的性能来观察到（图附录3.8）。

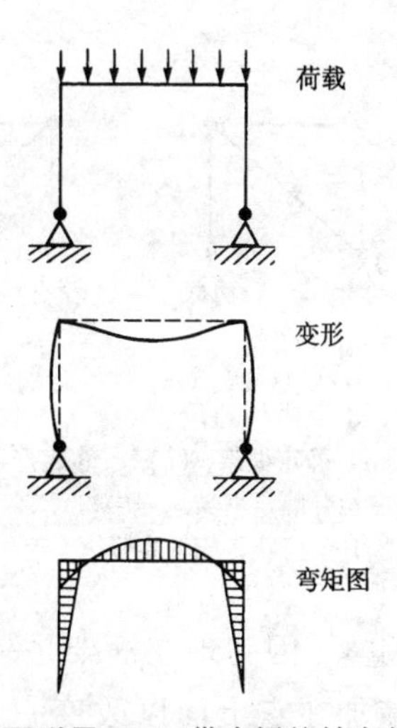

图附录3.7 带有梁柱结点的超静定框架的荷载、变形、弯矩图
(梁中的弯矩比提供铰接时的弯矩小，但这将在柱中产生弯矩)

图附录3.8（*a*）中的布置是静定结构形状，而图附录3.8（*b*）中的布置是超静定结构形式。可以假定框架是由直杆件组装的，结构材料是钢，铰接连接是螺栓连接。杆件是在钢加工厂加工的，所有的螺栓孔都是提前钻好的。然而，不管在加工过程中多么的细心，不可能将杆件切成完全精确的长度，孔也不可能都在正确的位置上，总是存在着一些小误差。

组装的最初阶段对于两种构件形状都是一样的，都是将梁栓接到两根柱的顶部。所进行的结构布置在这一阶段仍然是机械性的，如果插入的第二根杆件（也就是第一根斜杆件）的长度和相应位置的长度之间存在一点偏差，可以通过移动组装件直到结点间的距离与杆件的长度完全一致的方法加以解决。第一根斜杆件的插入将完成静定形式的组装。为了完成超静定形式，必须插入第二根斜杆件。如果这根杆件的长度和连接杆件的结点间的距离之间存在偏差，就不能轻易地通过部分移动组合框

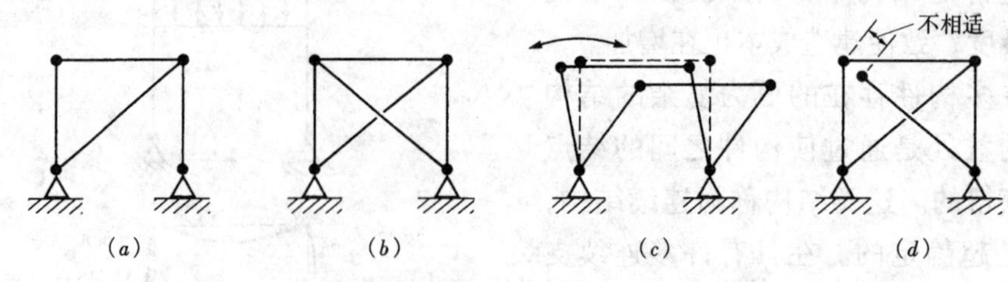

图附录 3.8 “不相适”问题

（a）静定框架；（b）超静定形状；（c）在插入第一个斜杆件之前，结构布置是不稳定的，在组装静定框架过程中，没有不相适问题；（d）插入第一个斜杆件后，结构布置具有稳定的几何形状，因此在插入最后一根杆件时，在超静定框架中发生潜在的不相适问题

架来进行调整，因为现在框架是一个结构，它将抵抗施加在它上面以改变它形状的任何作用力。因此必须施加一个有效力，使框架产生相应变形后才能插入后一根斜杆。这会在杆件中产生应力，若在后一根杆件插入后释放应力，则框架恢复到最初形状。然而，框架上的第二根斜杆件的出现往往阻止框架恢复到最初形状，结果将是框架中的所有杆件最终承载因“不相适”所造成的永久性应力。这是一种由于施加了框架的合理荷载而产生的杆件必须承载的附加应力。

“不相适”问题是静定结构和超静定结构之间的主要区别。尽管不可能制造绝对精密的结构部件，静定结构还是能够很容易组装的，因为在施工过程中，部件的实际尺寸和需要的尺寸之间的偏差通常是允许的。当然，这会生产出略不同于计划的最终结构形式，但是构件在工厂加工的精确程度，足以使肉眼看不到有任何偏差，尽管以“不相适”应力的观点来看待这种偏差是很重要的。

在超静定结构中，即使微小的尺寸偏差也会导致安装方面的困难，并且随着超静定程度的增加，这一问题会变得更为尖锐。这表现在两个方面。首先，如果杆件不完全适合，建造结构的难度就会增大；其次，有可能产生“不相适”应力，从而减少结构的承载能力。这一问题可以通过减少所发生的“不相适”的量来解决，也可以采用在建造期间“调整”杆件长度（例如采用垫板）的方法来解决。这两种方法都要求在结构详细设计中，在构件的制造过程中，以及在场地结构的定位中达到高标准。因此，“不相适”问题的结果会导致超静定结构的设计和建造都比相应的静定结构更昂贵。

附录 3.2.4 热膨胀和“温度”应力

在附录 3.2.3 节中看到，在超静定结构中，如果结构组装时构件不完全配套，则杆件中会增加应力。然而，即使初期能够达到完全配套，任何由于热膨胀或收缩所造成的在杆件尺寸上的改变都会导致应力的产生，这种应力称为“温度”应力。在静定结构中不会发生温度应力，因为在静定结构中，由热膨胀所产生的杆件尺寸的轻微变化是通过对结构形状的轻微调节而不是引入应力的方法加以阻止的。

在大多数超静定结构的设计中必须考虑热膨胀问题，构件必须要有足够的强度，以抵抗附加应力的产生。这取决于结构的温度影响范围和材料的热膨胀系数，该系数是一个明显降低承载能力，并由此降低超静定结构有效性的系数。

附录 3.2.5　基础的不均匀沉降效应

正是由于静定结构在遇到杆件尺寸发生轻微变化时能够调节它的几何形体，而不产生内力，因此也不产生应力，并且可以允许发生基础的不均匀沉降（图附录3.9）。事实上，静定结构能够承受相当大的基础移动而不发生结构破坏。而超静定结构形式不能够进行这种调节，除非材料中有应力发生，因此在超静定情况下，重要的是避免基础部分严重不均匀沉降现象的发生。这个问题能够影响对于特定建筑物的结构类型的选择。例如，在一个地基条件很差的场地上建造建筑物，如在矿坑下陷的地区，结构形状的选择应该是在能够发生运动的基础上采用静定结构，而在深桩基或筏基上采用超静定结构。后者常常在造价上更为昂贵。

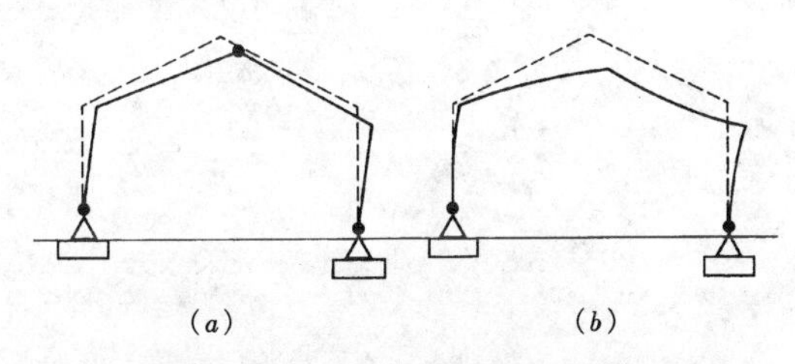

图附录 3.9　静定结构和超静定结构的不均匀沉降

(*a*) 静定三铰钢架能够调节它的几何形体，以满足基础的移动而不导致杆件弯曲；(*b*) 基础不可避免的移动导致杆件弯曲和应力的产生这种情况会发生在超静定结构二铰刚架中

附录 3.2.6　静定性对设计师进行结构形式自由设计时的影响

因为超静定结构稳定性要求更多的约束条件，所以荷载从结构传递到基础的路径不止一条。换言之，将荷载从它被施加到结构上的某一点传递到基础上的任务是由不同的结构构件共同承担的。这种情况在静定结构中不会发生，因为在静定结构中荷载通过结构时通常只有一条路线。

在超静定形状中出现多余结构的结果使杆件能够被移动，而不会损害结构的使用寿命（剩余杆件承担更大的内力）。超静定结构的这种特性能够提供给设计师更多的自由，使他们在设计阶段能够采用比静定结构更为灵活的方式进行结构形式的设计。例如，对于超静定双向跨配筋混凝土板，设计师有权在楼板上留出空隙，将楼板悬挑出周边柱外，还可以采用不规则形状，这在静定钢框架中则是不可能的。超静定结构是自承式结构，这是结构设计师能够进行自由设计的另一种因素。

附录 3.3　考虑静定性的设计因素

多数结构几何形体都能够制成静定形式或超静定形式，这取决于组成的构件是如何被连接在一起的。在实际设计中应该采用哪一种形式，是设计过程中的一个基本问题，它受上述讨论因素的影响。超静定结构的主要优势在于它们比静定结构形式能够更有效地利用材料。因此它们有可能比静定结构具有更大的跨度和更强的承载能力。超静定结构的主要缺点在于它们比静定结构在设计上更复杂，在建造上更困难。尽管它们的利用率比静定结构大，但上述因素通常使它们更昂贵。另外，它们有可能出现“不相适”问题或“温度”应力，以及由于基础的不均匀沉降而造成结构破坏。结构设计师不断权衡这些不同的因素，以决定在不同的设计过程中哪一种类型更适合。

对于一个结构来说，采用何种材料是由一些确定性因素决定的。钢筋混凝土是超静定结构的理想材料，这不仅因为它能够很容易达到结构的连续性，不存在“不相适”问题，还由于它具有较低的热膨胀系数，这导致温度应力下降。因此大多数钢筋混凝土结构都被设计成超静定的。

另一方面，因为钢的“不相适”问题和相对高的热膨胀系数，在超静定结构中采用钢可能会带来很多问题。因此，钢往往被用于静定结构中而不是超静定结构中，除非特别需要与钢利用相关的超静定优势。钢和木料特别适合于静定结构，因为用这种材料很容易制造铰接结点。

通常，某一特定建筑物的环境将决定结构类型和材料的选择。如果一座建筑物的体积不大，没有很长的跨度，则更容易采用具有简易性的静定结构。如果是大跨度并且对结构实效要求很高的结构，或者只是提供一种外表优美的结构形状，那么这可能偏向于采用材料强度大的（例如钢）超静定结构，但是这种结构造价会很高。如果需要较高的结构效应来承载非常重的荷载，则最好选用钢筋混凝土超静定结构。如果在有可能发生不均匀沉降的场地上布置一种结构，则应采用木材或钢等适宜的材料构成的静定结构。因此，结构类型的选择是与结构材料的选择相互联系的，两者都取决于所设计的建筑物的具体环境。

国外高等院校建筑学专业教材

建筑经典读本（中文导读版）

［美］杰伊·M. 斯坦 肯特·F. 斯普雷克尔迈耶 编

ISBN 978-7-5130-1347-5 16开 532页 定价：68元

本书精选了建筑中，特别是现代建筑中最经典的理论和实践论著，撷取其中的精华部分编辑成36个读本，全面涵盖了从建筑历史和理论、建筑文脉到建筑过程的方方面面，每个读本又配以中英文的导读介绍了每本书的背景和价值。

建筑CAD设计方略——建筑建模与分析原理

［英］彼得·沙拉帕伊 著 吉国华 译

ISBN 978-7-5130-1257-7 16开 220页 定价：33元

本书旨在帮助设计专业的学生和设计人员理解CAD是如何应用于建筑实践之中的。作者将常见CAD系统中的基本操作与建筑设计项目实践中的应用相联系，并且用插图的形式展示了CAD在几个前沿建筑设计项目之中的应用。

建筑平面及剖面表现方法 原书第二版

［美］托马斯·C. 王 著 何华 译

ISBN 978-7-5130-1259-1 横16开 156页 定价：32元

本书不仅展示了大量的平面图和剖面图成果，更强调了平面图和剖面图绘制中“为什么这样做”和“怎样做”等问题。除了探讨绘图的基本技巧外，本书也讲述了一些在绘图中如何进行取舍的诀窍，并辩证地讨论了计算机绘图的利与弊。

建筑设计方略——形式的分析 原书第二版

［英］若弗雷·H. 巴克 著 王玮 张宝林 王丽娟 译

ISBN 978-7-5130-1262-1 横16开 336页 定价：45元

本书运用形式分析的方法，分析了建筑展现与建筑的实现过程。第一部分在一个从几何学到象征主义很广的范围内讨论了建筑的性质和作用；第二部分通过引述和列举现代建筑大师——如阿尔托、迈耶和斯特林——的作品，论证了分析的方法。书中图解详尽，为读者更深入地理解建筑提供了帮助。

建筑初步 原书第二版

［美］爱德华·艾伦 著 戴维·斯沃博达 爱德华·艾伦 绘图 刘晓光 王丽华 林冠兴 译

ISBN 978-7-5130-1068-9 16开 232页 定价：38元

本书总结了作者60多座楼房的设计经验，通过简明的非技术性语言及生动的图画，抛开复杂的数学运算，详细讲述了建筑的功能、建筑工作的基本原理以及建筑与人之间的关系，有效地帮助人们深刻了解诸多建筑基本概念，展示了丰富的建筑文化和生动的建筑生命力。

建筑视觉原理——基于建筑概念的视觉思考

［美］内森·B. 温特斯 著 李园 王华敏 译

ISBN 978-7-5130-1256-0 横16开 272页 定价：38元

本书是国内少见的启发式教材，着重于视觉思维能力的培养，对70余个重要概念作了生动的阐述，并配以紧密结合实际的多样化习题，是对建筑视觉教育的有益探索。本书曾荣获美国“历史遗产保护荣誉奖”。

建筑结构原理

［英］马尔科姆·米莱 著 童丽萍 陈治业 译

ISBN 978-7-5130-1261-4 16开 304页 定价：45元

本书试图通过建立一种概念体系，使任何一种建筑结构原理都能够容易被人理解。在由浅入深的探索过程中，建筑结构概念体系通过生动的描述和简单的图形而非数学概念得以建立，由此，复杂的结构设计过程变得十分清晰。

解析建筑

［英］西蒙·昂温 著 伍江 谢建军 译

ISBN 978-7-5130-1260-7 16开 204页 定价：35元

本书为建筑技法提供了一份独特的“笔记”，通篇贯穿着精辟的草图解析，所选实例跨越整部建筑史，从年代久远的原始场所到新近的20世纪现代建筑，以阐明大量的分析性主题，进而论述如何将图解剖析运用于建筑研究中。

学生作品集的设计和制作 原书第三版

［美］哈罗德·林顿 编著 柴援援 译

ISBN 7-80198-600-8 16开 188页 定价：39元

本书介绍了学生在设计和制作作品集时遇到的各类问题，通过300个实例全面展示了最新的学生和专业人士的作品集，图示了各式各样的平面设计，示范了如何设计和制作一个优秀的作品集，并增录了关于时下作品集的数字化和多媒体化趋势的基本内容。

结构与建筑 原书第二版

［英］安格斯·J. 麦克唐纳 著 陈治业 童丽萍 译

ISBN 978-7-5130-1258-4 16开 144页 定价：26元

本书以当代的和历史上的建筑实例，详细讲述了结构的形式与特点，讨论了建筑形式与结构工程之间的关系，并将建筑设计中的结构部分在建筑视觉和风格范畴内予以阐述，使读者了解建筑结构如何发挥功能；同时，还给出了工程师研究荷载、材料和结构而建立起的数学模型，并将他们与建筑物的关系进行了概念化连接。